U0177999

发展历程

中国建设教育协会成立大会（1992 年）

中国建设教育协会第一届理事会理事长、时任建设部常务副部长叶如棠（1992 年）

建设部部长侯捷在第一届理事会承办的国际学术会议上致开幕词（1996 年）

发展历程

中国建设教育协会成立二十周年庆祝大会（2012 年）

刘杰理事长、朱光副理事长[truncated]
（2014 年）

第六届会员代表大会（2019 年）

发展历程

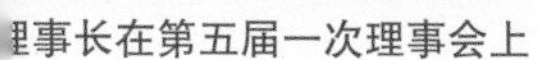

理事长在第五届一次理事会上

第五届十次常务理事会（2019 年）

论坛会议

建设部副部长傅文娟出席全国首届建筑高校书记、院（校）长论坛（2005 年）

第十七届全国建筑类高校书记、校（院）长论坛（2022 年）

论坛会议

首届智能建造学科建设与工程实践发展论坛（2020 年）

第二届全国建设类中职院校书记、校长论坛（2019 年）

论坛会议

第十二届全国建设类高职院校书记、院长论坛（2020 年）

第三届建设行业文化论坛（2021 年）

论坛会议

第九届地方建设教育协会联席会议（2010 年）

第十七届地方建设教育协会联席会议（2020 年）

交流研讨

住房和城乡建设部原副部长、中国建筑业协会会长齐骥出席协会国际合作专业委员会成立大会，期间在沈阳建筑大学指导工作（2020 年）

中国工程院重大战略咨询项目《中国建造高质量发展战略研究》子课题《中国建筑业技术工人能力提升工程》启动暨研讨会（2020 年）

交流研讨

住房和城乡建设部原副部长、中国土木工程学会会长易军，住房和城乡建设部人事司司长江小群、副司长王英姿莅临协会指导工作（2022 年）

在“改革开放与中国特色社会主义建设教育”理论研讨会期间，吉林省住房和城乡建设厅领导陪同参观吉林建筑大学（2018 年）

专家引领

专家引领

人才培养

1+x 建筑信息模型（BIM）职业技能等级证书首次全国考点考前动员会暨首批试考证书颁发仪式（201

职业技能等级证书

Certificate of Vocational Skill Level

2019 年 9 月参加建筑信息模型（BIM）职业技能等级水平考核，成绩合格，核发建筑信息模型（BIM）职业技能等级证书（初级）。学习成果已经职业教育国家学分银行认定。

This is to certify that this certificate owner has passed the assessment in September 2019, and is qualified for the Primary Level of Building Information Modeling. The learning outcomes are recognized by the National Credit Bank for Vocational Education.

孙川奇
SUN CHUAN QI

身份证号：370321199810220615
ID Number

证书编号：154000100115370131900001
Certificate Number

发证机构：[illegible]
Issuing Authority[illegible]

发证日期：201[illegible]09月30日
Date of Issue

查询网址：http://www.ncb.edu.cn
Website of Verification

发证机构负责人（签章）：胡晓光
Person in Charge of Issuing Authority

考核站点负责人（签章）：江韩印培
Person in Charge of Assessment Site

认证中心及证书样式

职业技能等级证书
会暨首批试考证书颁发仪式

CCTV.com
河北廊坊
凌晨正式解散，为大选做准备。

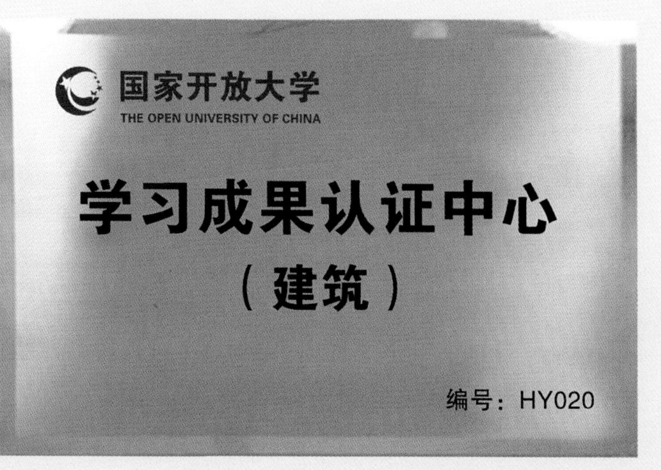
国家开放大学
THE OPEN UNIVERSITY OF CHINA
学习成果认证中心
（建筑）
编号：HY020

人才培养

“1+X”装配式建筑构建制作与安装职业技能等级考评考试（2021 年）

协会建设机械职业教育专业委员会科研成果审议会（2020 年）

标准编制

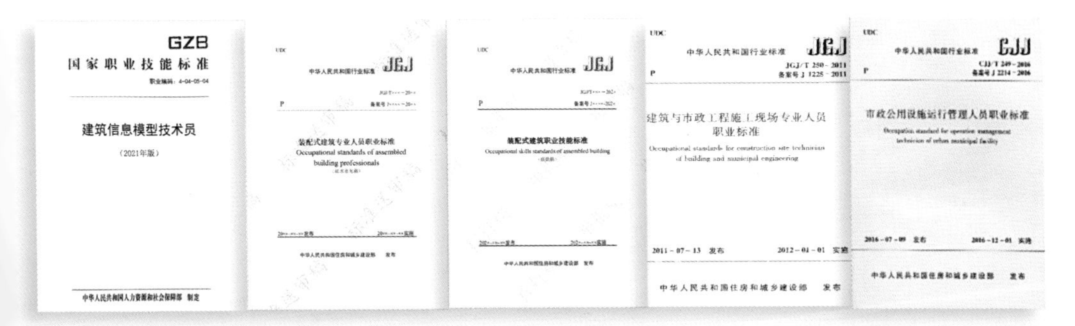

协会组织编写的国家标准、行业标准

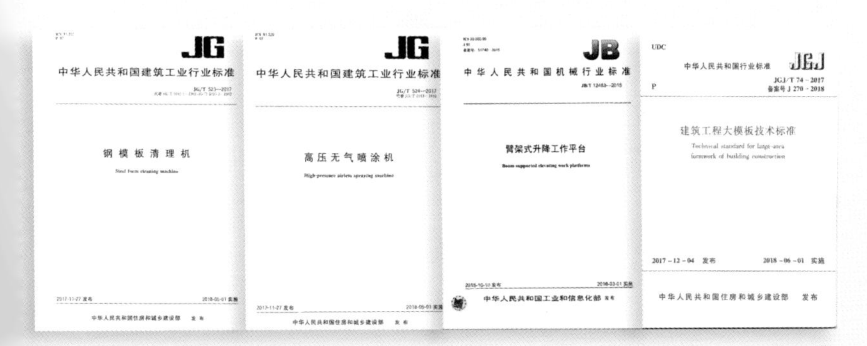

协会分支机构参编的行业标准

协会分支机构参编的团体标准

科研成果

《中国建设教育发展年度报告》(2015–2021)

会员单位科研成果证

专利证书

软件著作权登记证

出版物

协会分支机构组织或参编的部分教材

出版物

《部属建筑类高校发展与变迁》图书首发式暨座谈会，城乡建设环境保护部原部长叶如棠，建设部原副部长、宁夏回族自治区原党委书记毛如柏，住房和城乡建设部原副部长、中国建筑业协会会长齐骥出席会议（2022 年）

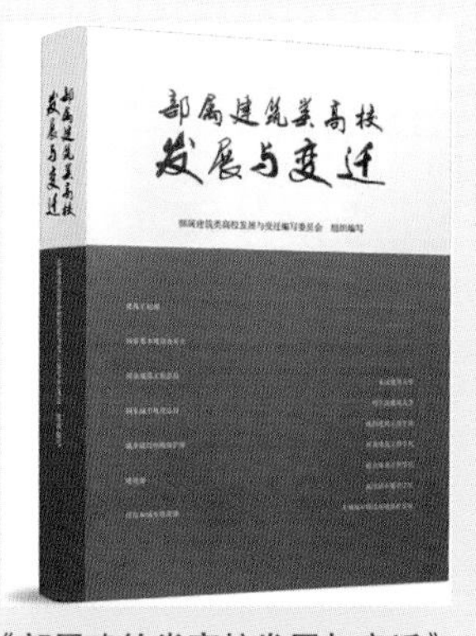

《部属建筑类高校发展与变迁》

《高等建筑教育》

《中国建设教育》

建设技工教育

JIAN SHE JI GONG JIAO YU

中国建设教育协会技工教育委员会
2021 年工作总结及 2022 年工作计划

《建设技工教育》

出版物

新教材发布仪式

协会分支机构组织或参编部分教材

大赛活动

第一届全国技能大赛住建行业代表团总结会（2021 年）

住房和城乡建设部总程师李如生、人事司长江小群参观第一届国技能大赛住房和城建设部展示交流活动

第四届全国装配式建筑职业技能竞赛“装配式建筑施工员”赛项职工组全国总决赛（2021 年）

比赛现场

大赛活动

第十届全国高等院校学生“斯维尔杯”建筑信息模型 (BIM) 应用技能大赛总决赛（2019 年）

比赛现场

大赛活动

全国职业院校技能大赛中职组广联达杯建筑工程技术技能大赛（2009 年）

全国高校“品茗杯”BIM 应用毕业设计大赛总决赛（2019 年）

国际交流合作

加拿大木业协会专家参加中国现代木结构建筑技术项目教育培训工作交流会（2013 年）

与全球可持续发展投资组织（GSIA）核心成员（美国 Techworth）就“碳达峰碳中和”人才培养开展国际合作（2022 年）

教育培训

《国家职业教育改革实施方案》文件解读和“1+X 证书”制度等职业教育热点问题研讨会（2019 年）

全国建设院校宣传思想工作干部培训班（2016 年）

中国古建筑技术师资培训班，专家在故宫博物院进行古建筑修缮现场教学（2019 年）

木建筑培训（2019 年）

在中广核集团防城港核电站现场培训，大亚湾核电站、台山核电站等同步进行视频直播（2019 年）

会员走访

协会城市交通教育专业委员会组织参观中共一大会址（2021 年）

协会技工教育工作委员会走访调研会员单位（2018 年）

协会就业创业工作委员会走访调研会员单位（2021 年）

社会服务

“大国工匠、建设未来”夏令营活动（2019 年）

协会建设机械职业教育专业委员会在舟曲开展技能帮扶培训（2020 年）

展示交流

“中建七局”杯庆祝中华人民共和国成立 70 周年全国摄影比赛获奖作品（2019 年）

分支机构建设

协会建筑企业人力资源教育工作委员会第四届会员代表大会（2013 年）

协会教学质量保障专业委员会成立大会暨第一次学术论坛（2019 年）

分支机构建设

协会校企合作专业委员会成立大会（2020 年）

协会现代学徒制专业委员会成立大会（2019 年）

党的建设

协会党支部委员合影（2022 年）

“七一”主题党日活动暨表彰优秀共产党员（2022 年）

党的建设

协会全体党员职工参观南湖革命纪念地（2021 年）

第一联合党委赵富海副书记莅临协会指导工作（2021 年）

全体党员职工参观中国人民抗日战争纪念馆（2021 年）

党的建设

“喜庆二十大 奋进新征程”党的二十大报告学习心得交流会（2022 年）

党小组集中学习（2022 年）

自身建设

工会组织开展活动（2022 年）

内部治理动员大会（2022 年）

秘书处办公场景

自身建设

秘书处员工（2022 年）

教育协会

自身建设

三八妇女节活动

外出参观活动

文体活动

中國建设教育协会三十年

中国建设教育协会　编

中国建筑工业出版社

图书在版编目（CIP）数据

中国建设教育协会三十年 / 中国建设教育协会编
. — 北京：中国建筑工业出版社，2022.11
ISBN 978-7-112-28105-3

Ⅰ. ①中…　Ⅱ. ①中…　Ⅲ. ①建筑学 - 教育事业 - 概况 - 中国　Ⅳ. ① TU-4

中国版本图书馆 CIP 数据核字（2022）第 204536 号

责任编辑：李　杰
封面题字：叶如棠
责任校对：张惠雯

中国建设教育协会三十年
中国建设教育协会　编
*
中国建筑工业出版社出版、发行（北京海淀三里河路 9 号）
各地新华书店、建筑书店经销
北京雅盈中佳图文设计公司制版
河北鹏润印刷有限公司印刷
*
开本：787 毫米 ×1092 毫米　1/16　印张：$15^3/_4$　插页：18　字数：301 千字
2023 年 4 月第一版　2023 年 4 月第一次印刷
定价：**88.00** 元
ISBN 978-7-112-28105-3
（40213）

编委会

序

2022 年，中国建设教育协会成立 30 周年了。前些日子，协会刘杰理事长邀请我为纪念文集《中国建设教育协会三十年》作序。由于离开建设系统时间较久，我再三推辞。他们说认真研究了，我曾经为《中国建设教育协会20 年发展历程》作序，如今的文集，是历史的延续，是总结经验、继承传统、感恩同路、回馈社会的举措。理由充分，我只好欣然应允了。

在建设系统工作时期，我分管过教育工作，熟悉中国建设教育协会，熟悉他们的历史和初期发展。记得我在那篇序言中曾经说过："中国建设教育协会不同于其他行业协会，缺少工作的'抓手'，创业何其难？但协会人不彷徨、不气馁，用艰苦创业的精神踏出了一条自强之路，他们恪守办会的宗旨，稳妥地处理各种关系，不断加强自身的组织建设、制度建设和文化建设，注重学习和创新，用辛勤的'服务'，赢得了会员单位的拥护和支持，赢得了政府部门的重视，赢得了行业的认可。"

又 10 年过去了。国家的飞跃发展为他们创造了更好的发展环境，然而相较于其他行业协会，他们还是横跨建设和教育两个领域，没有专一的业务；除了诚信诚心的服务，他们还是缺乏得力的工作抓手；他们能做的培训工作，许多协会和社会组织都可以做……就是在这样的状态下：

中国建设教育协会为建设类院校教育教学改革，为提高建设行业从业人员能力素质，为促进建设行业发展作出了积极贡献。

协会连续 7 年组织编写了《中国建设教育发展年度报告》；承担了人力资源和社会保障部委托的《建筑信息模型技术员国家职业技能标准》，住房和城乡建设部委托的《装配式建筑职业技能标准》《装配式建筑专业人员职业标准》；共同完成了中国工程院重大咨询研究项目《中国建造高质量发展战略研究》子课题《中国建造 · 从业人员能力提升工程》；牵头编写了《部属建筑类高校发展与变迁》……

协会积极落实教育部“1+X”建筑信息模型（BIM）职业技能等级证书制度试点项目；获批为国家开放大学学习成果认证中心建筑行业认证分中心，开展学分银行业务；组织开展了 BIM、装配式、绿色施工、消防等类型的职业技能考评工作……

协会参与组织了世界技能大赛住建行业选拔赛、全国职业院校技能竞赛、全国行业职业技能竞赛（国家二类赛），主办了行业赛等 10 余类竞赛活动，总参赛规模达 10 余万人次；建立了跨行业、覆盖建筑全生命周期、满足不同从业人员需求的职业培训体系；开展教育教学资源建设……

协会开展的论坛活动由普通高等、高职书记校（院）长论坛，拓展到中职、技工、文化、智能建造、建筑信息化等多个领域；连续组织全国建设类优秀学生、教师、产业工人夏令营活动；地方建设教育协会联席会议制度运转顺畅，在行业调查、技能考评、组织办赛、人才培训等多方面合作共建、资源共享；新冠肺炎疫情期间，他们积极开展公益活动，建立远程教育网站、开展帮扶培训、减免会费……

协会分支机构从 12 个增加到 20 个，会员单位从 300 多家发展到 1200 多家；秘书处工作人员从 15 人增加到 43 人；脱钩以后，他们加强党的建设，进一步提高认识，转变观念，在目标定位、发展路径、经营模式、运行机制、监管方式、内部管理等方面加强调整提高……

在众多的协会中，他们与大无缘。我了解他们的风格，中国建设教育协会做事就像做人一样，不张扬，不自馁，严谨低调，一步一个脚印，他们追求的是好，是会员和员工的快乐，是满满的幸福指数。

我欣喜地听说，协会的愿景是：努力将中国建设教育协会建设成为政府和行业高度信任、社会认可、会员满意的“国内一流，国际有影响力”的 5A 级社会组织。

我相信，他们在贯彻习近平新时代中国特色社会主义思想关于教育、人才培养精神，全面开启建设社会主义现代化新征程，推动建筑业转型升级，实施教育强国推进工程的大背景下，一定会继续秉持“自律、自强、自力、互信、互济、互爱”的优良传统，把协会的工作做好。

三十而立，祝贺中国建设教育协会！

共襄盛举，祝福过往、现在和将来从事建设教育事业的同仁！

毛如柏

2022 年盛夏

前　言

2022 年，中国建设教育协会成立 30 周年。为了回顾初心使命，总结工作成果，拓展发展思路，提升协会凝聚力、影响力和知名度，在全面建设社会主义现代化国家的新征程中更好地服务国家、服务社会、服务行业、服务会员，协会六届四次常务理事会决定开展 30 年总结活动。为此，我们编写了本书，全面反映协会自成立以来的工作成果。

由于在《中国建设教育协会 20 年发展历程》中，已经对协会 1992~2012 年的工作做了详细描述，本书在提炼、概括其内容的基础上，力图重点客观、全面体现协会近十年的发展状况。

本书共分 10 章。

第 1 章从建筑业蓬勃发展、教育体制改革不断深化、社会团体登记管理更加规范、报批及筹备、历届理事会等方面，介绍了协会的成立背景、发展历程、发展现状。

第 2 章从协会组织和参与国家标准、行业标准、团体标准编写；开展《中国建筑业技术工人能力提升工程》《装配式建筑技能人才需求》等课题研究；建筑信息模型（BIM）职业技能等级证书、装配式建筑构件制作与安装职业技能等级证书相关工作；建筑行业认证分中心、个人学分银行账户、学习成果互认联盟等方面，介绍了协会在发挥参谋助手作用方面开展的工作。

第 3 章从《中国建设教育发展年度报告》；教育教学科研课题研究、思政专项课题研究、成果转化；专家工作委员会；全国建筑类高校、高职、中职、技工书记、校（院）长论坛，中国高等建筑教育高峰论坛、全国建筑信息化教育论坛、建设行业文化论坛、智能建造学科建设与工程实践发展论坛等学术交流活动；出版物《高等建筑教育》《中国建设教育》《建设技工教育》《部属建筑类高校发展与变迁》等方面介绍了协会在科学研究方面的工作成果。

第 4 章从建立跨行业人才培养体系、服务各层级从业人员、广泛建立培训网络、扩大服务范围、组织开展住房城乡建设领域专业技能培训考试；持续开展传统培训项目、开发市场需求新项目、探索多元化培训模式；管理模式规范化、线上线下培训标准化、特色培训品牌化、培训课程精品化等方面介绍了协会培训工作的开展情况。

第 5 章从协会主办竞赛活动；承办全国职业院校技能大赛建设类赛项、全国行业职业技能竞赛、世界技能大赛全国住房城乡建设行业选拔赛；协助组织住房和城乡建设行业代表队参加中华人民共和国第一届职业技能大赛；竞赛管理等方面介绍了协会组织、参与各级各类竞赛的情况。

第 6 章介绍了协会与地方建设教育协会、相关学协会、国际组织开展的交流与合作。

第 7 章从开展夏令营活动、助力脱贫攻坚、助力复工复产复学三个方面介绍了协会开展社会服务的相关情况。

第 8 章从党建引领、规范管理、评估工作、内部治理、脱钩工作等方面介绍了协会的自身建设情况。

第 9 章从近七年建设类专业本科教育发展、硕士研究生教育、建设类学科博士研究生教育方面介绍了建设类专业（学科）普通高等教育的发展状况。

第 10 章从近七年高等建设职业教育发展、中等建设职业教育发展方面介绍了建设类专业职业教育的发展状况。

结束语展现了在新发展阶段，我们对未来的想法和期待。

附录收载了协会历届负责人一览、秘书处工作人员名单（1992~2022）、协会党支部历届支部委员会情况、协会分支机构简介、部分地方建设教育协会简介、协会大事记、中国建设教育协会视觉识别系统摘要。

本书照片结合正文内容，大致按照发展历程、论坛会议、交流研讨、专家引领、人才培养、标准编制、科研成果、出版物、大赛活动、国际交流合作、教育培训、会员走访、社会服务、展示交流、分支机构建设、党的建设、自身建设等几方面归纳排序。

目 录

第 1 章 发展概况

1.1 成立背景 002
1.1.1 建筑业蓬勃发展 002
1.1.2 教育体制改革不断深化 002
1.1.3 社会团体登记管理更加规范 003
1.2 发展历程 003
1.2.1 报批及筹备 003
1.2.2 历届理事会 004
1.3 发展现状 006

第 2 章 发挥参谋助手作用

2.1 标准编制 010
2.1.1 国家标准 010
2.1.2 行业标准 011
2.1.3 团体标准 014
2.2 课题研究 015
2.2.1 《中国建筑业技术工人能力提升工程》 015
2.2.2 《装配式建筑技能人才需求》 016
2.2.3 《建筑业现代学徒制》 016
2.3 “1+X”证书制度试点工作 017
2.3.1 廊坊市中科建筑产业化创新研究中心 017
2.3.2 建筑信息模型（BIM）职业技能等级证书 018
2.3.3 装配式建筑构件制作与安装职业技能等级证书 020

2.4 学分银行 020
2.4.1 建筑行业认证分中心 021
2.4.2 学习成果认证、积累与转换课题项目 021
2.4.3 个人学分银行账户 022
2.4.4 学习成果互认联盟 022
2.5 参与住房和城乡建设职业教育教学指导工作 023

第3章 科学研究

3.1 《中国建设教育发展年度报告》 026
3.2 教育教学科研课题工作 028
3.2.1 教育教学科研课题研究 028
3.2.2 思政专项课题研究 031
3.2.3 教育教学科研课题成果转化 031
3.2.4 相关管理制度 031
3.3 专家工作委员会 032
3.4 学术交流活动 033
3.4.1 全国建筑类高校书记、校（院）长论坛 033
3.4.2 中国高等建筑教育高峰论坛 035
3.4.3 全国建设类高职院校书记、院长论坛 035
3.4.4 全国建设类中职学校书记、校长论坛 036
3.4.5 全国建设类技工院校院（校）长、书记论坛 037
3.4.6 全国建筑信息化教育论坛 037
3.4.7 建设行业文化论坛 038

3.4.8 智能建造学科建设与工程实践发展论坛 038
3.5 期刊及其他出版物 039
3.5.1《高等建筑教育》 039
3.5.2《中国建设教育》 041
3.5.3《建设技工教育》 042
3.5.4《部属建筑类高校发展与变迁》 042
3.5.5《发展中的建设类高等职业院校》 044

第 4 章 培训工作

4.1 拓展培训服务领域 048
4.1.1 培训业务向建筑全生命周期拓展 048
4.1.2 建立跨行业人才培养体系 049
4.1.3 服务各层级从业人员 050
4.1.4 广泛建立培训网络 050
4.1.5 扩大服务范围 051
4.1.6 组织开展住房和城乡建设领域专业技能培训考试 052
4.2 完善职业教育培训体系 053
4.2.1 持续开展传统培训项目 053
4.2.2 开发市场需求新项目 054
4.2.3 探索多元化培训模式 056
4.2.4 分支机构开展的部分培训工作 057
4.3 提高培训质量 059
4.3.1 管理模式规范化 059
4.3.2 线上线下培训标准化 060
4.3.3 特色培训品牌化 061
4.3.4 培训课程精品化 062

第 5 章 竞赛活动

5.1 协会主办的竞赛活动 066
5.1.1 高等院校 BIM 应用技能系列竞赛 066

5.1.2 全国高等院校学生“斯维尔杯”BIM-CIM 创新大赛 068
5.1.3 全国职业院校“建设教育杯”职业技能竞赛 069
5.1.4 全国建筑类院校虚拟建造综合实践大赛 071
5.1.5 全国高等院校“绿色建筑设计”技能大赛 072
5.1.6 全国职业院校“建设职教杯”职业技能竞赛 073
5.1.7 全国高校“品茗杯”BIM 应用毕业设计大赛 073
5.1.8 全国建筑类院校钢筋平法应用技能大赛 074
5.1.9 分支机构开展的部分竞赛活动 076
5.2 承办全国职业院校技能大赛建设类赛项 076
5.3 承办全国行业职业技能竞赛 078
5.3.1 全国中央空调系统职业技能竞赛 078
5.3.2 首届全国装配式建筑职业技能竞赛 078
5.3.3 第二届全国装配式建筑职业技能竞赛 079
5.3.4 第三届全国装配式建筑职业技能竞赛 079
5.3.5 第四届全国装配式建筑职业技能竞赛 080
5.4 承办世界技能大赛全国住房和城乡建设行业选拔赛 081
5.4.1 第 45 届世界技能大赛全国住房和城乡建设行业选拔赛 081
5.4.2 第 46 届世界技能大赛全国住房和城乡建设行业选拔赛 083
5.5 协助组织住房和城乡建设行业代表队参加中华人民共和国第一届职业技能大赛 083
5.6 竞赛管理 085

第 6 章 交流合作

6.1 与地方建设教育协会的交流合作 088
6.1.1 地方建设教育协会概况 088
6.1.2 地方建设教育协会联席会议 088
6.2 横向交流合作 092
6.3 国际交流合作 092
6.3.1 与国外组织建立联系与合作 093
6.3.2 组织开展国际学术会议 093
6.3.3 助力“一带一路”建设 095

第 7 章　社会服务

7.1　开展夏令营活动　098
7.2　助力脱贫攻坚　100
7.3　助力复工复产复学　102

第 8 章　协会自身建设

8.1　党建引领　106
8.1.1　发挥党组织政治核心作用　106
8.1.2　组织建设　107
8.1.3　制度建设　108
8.1.4　党风廉政和纪律作风建设　109
8.1.5　主题教育　110
8.1.6　主题党日活动　112
8.1.7　党建工作质量攻坚三年行动　118
8.1.8　群团工作　118
8.2　规范管理　119
8.2.1　顶层设计　119
8.2.2　建章立制　121
8.2.3　队伍建设　124
8.2.4　文化建设　124
8.2.5　信息化建设　125
8.2.6　内部治理攻坚行动　126
8.3　评估工作　126
8.4　脱钩工作　127
8.4.1　协会与行政机关脱钩的总体部署和总体要求　127
8.4.2　协会脱钩工作有序推进　129

第 9 章　建设类专业 / 学科普通高等教育发展

9.1　建设类专业本科教育发展情况　135
9.1.1　2014~2020 年全国建设类本科专业开办情况　135

9.1.2 2014~2020 年全国建设类专业本科生培养情况 137
9.2 建设类学科硕士研究生教育情况 145
9.2.1 2014~2020 年全国建设类学科设置硕士学科点情况 145
9.2.2 2014~2020 年全国建设类学科硕士研究生培养情况 148
9.3 建设类学科博士研究生教育情况 155
9.3.1 2014~2020 年全国建设类学科博士学科点设置情况 155
9.3.2 2014~2020 年全国建设类学科博士研究生培养情况 157

第 10 章 建设类专业职业教育发展

10.1 高等建设职业教育发展情况 166
10.1.1 2014~2020 年全国土木建筑类高职开办专业情况 166
10.1.2 2014~2020 年全国土木建筑类高职学生培养情况 171
10.2 中等建设职业教育发展情况 182
10.2.1 全国建设类中职专业开办情况 182
10.2.2 2014~2020 年全国建设类专业中职生培养情况 185

附 录 193
附录 1 协会历届负责人一览 194
附录 2 秘书处人员名单（1992~2022） 196
附录 3 协会党支部历届支部委员会情况 198
附录 4 协会分支机构简介 199
附录 5 部分地方建设教育协会简介 206
附录 6 协会大事记 211
附录 7 中国建设教育协会视觉识别系统摘要 230

结束语 233
后 记 234

第 1 章

发展概况

1992 年，我国改革开放和现代化建设进入新阶段，为适应建设事业快速发展和深化建设教育管理体制改革，在建设部的领导和组织下，在国家教育委员会、民政部的指导和支持下，中国建设教育协会成立。

1.1 成立背景

1.1.1 建筑业蓬勃发展

20 世纪 80 年代，我国改革开放大潮风起云涌，波澜壮阔。1984 年党的十二届三中全会通过了《中共中央关于经济体制改革的决定》，提出和阐明了经济体制改革的一些重大理论和实践问题。建筑业作为城市经济体制改革的突破口率先走向市场，呈现高速度、多主体、全方位的跨越式发展态势。1980 年全国建筑业总产值仅为 286.93 亿元，建筑业企业单位数 6604 家，建筑业从业人数为 648 万人。到 1992 年，全国建筑业总产值达到 2174.44 亿元，建筑业企业单位数达到 14536 家，建筑业从业人数达到 1157.50 万人。建筑业产值规模不断扩张，在国民经济中的比重不断提高，支柱产业地位逐步确定，支撑作用愈发明显，对整个国民经济发展的推动作用越来越突出，我国作为一个建筑业大国展现出勃勃生机。

1.1.2 教育体制改革不断深化

1985 年中共中央颁布了《关于教育体制改革的决定》，明确提出教育体制改革的根本目的是提高民族素质，多出人才，出好人才。改革的主要内容是：改革教育管理体制，在加强宏观管理的同时，坚决实行简政放权，扩大学校的办学自主权；调整教育结构，相应地改革劳动人事制度；改革同社会主义现代化不相适应的教育思想、教育内容、教育方法。经过改革，要使基础教育得到切实加强，职业技术教育得到广泛发展，高等学校的潜力和活力得到充分发挥，各级各类教育能够主动适应经济和社会发展的多方面需要。

1.1.3　社会团体登记管理更加规范

1989 年，国务院发布实施了《社会团体登记管理条例》(以下简称《条例》)，明确规定了在中华人民共和国境内组织的协会、学会、联合会等社会团体，必须经核准登记后，方可进行活动。《条例》从管辖、成立登记、变更登记、注销登记、监督管理等方面对社会团体登记管理作了具体规定，为社会团体成立提供了法律法规依据和指引。

在建筑业迅猛发展和教育管理体制改革逐步深入的背景下，建设教育面临着一些新形势和新问题，亟须建立一个大的协作交流平台，就一些共同关心的问题开展研究讨论，总结建设教育改革实践经验，推动建设教育改革有序进行。全国建设系统先后成立了“城乡建设环境保护部高等学校教育协作组”“城乡建设职业技术教育研究会”等 9 个社团性的组织，共计拥有团体会员 370 余个。由于这些组织不够规范，又各自独立，缺少统一的领导和规划，活动的质量和水平差别较大。《条例》发布实施后，经过建设部与民政部、国家教育委员会等多方面酝酿和协商，共同认为有必要在建设系统建立一个全国性教育社团组织，把已有的 9 个研究会、协作组包容进去，让其以二级组织的形式开展活动。

1.2　发展历程

1.2.1　报批及筹备

1991 年 8 月，建设部领导作出批示，将建设系统现有的 9 个全国性教育社团合并为一个，并在此基础上成立“中国建设教育协会”，协会的筹建工作由部教育司负责。根据部领导的批示要求，部教育司成立了由赵铁凡同志牵头的临时筹备小组。临时筹备小组起草拟定了《中国建设教育协会章程》，初步制定了协会组织机构设置及人选方案，并将相关书面材料上报至业务主管部门国家教育委员会初审，1991 年 12 月底初审获批后，遂即向民政部正式申报。1992 年 8 月 3 日，民政部通知协会“准予成立登记”，并确定协会为国家一级建设类专业性社团，具有法人资格。民政部同时对协会的常设机构及下设二级组织进行审批，常设机构为：秘书处、研究咨询指导部、编辑指导部；下设二级组织为：普通高等教育委员会、成人高等教育委员会、普通中专教育委员会、成人中专教育委员会、技工教育委员会、职业高中教育委员会、职工培训教育委员会、继续教育委员会。

在报批工作结束后，成立协会筹备工作组作为日常办事机构，筹备工作组组长由建设部常务副部长叶如棠担任。1992 年 10 月 13~14 日，筹备工作组在北京召开了中国建设教育协会首届理事会（代表会议）筹备组（扩大）会议，具体商讨了协会成立相关事宜。

1.2.2 历届理事会

1. 第一届理事会（1992 年 12 月 ~1997 年 6 月）

1992 年 12 月 23 日，中国建设教育协会成立大会暨第一届理事会议暨一届一次常务理事会议在山东烟台召开。建设部部长侯捷向大会发来了贺信，常务副部长叶如棠出席大会并发表重要讲话。会议审议通过了《中国建设教育协会章程》，选举产生了第一届理事会理事、常务理事，叶如棠同志当选第一届理事会理事长。

2. 第二届理事会（1997 年 6 月 ~ 2002 年 5 月）

1997 年 6 月 20 日 ~ 7 月 15 日，中国建设教育协会第二届会员代表大会暨二届一次理事会议以通讯会议的形式召开。会议选举产生了协会第二届理事会理事、常务理事。1997 年 9 月 25~26 日，中国建设教育协会第二届一次常务理事会在北京召开。建设部部长侯捷出席会议并发表重要讲话。会议选举廉仲同志为第二届理事会理事长。2000 年 11 月 14~17 日，中国建设教育协会第二届三次常务理事会在浙江嘉兴召开。会议选举郭锡权同志为第二届理事会理事长，廉仲同志因年龄原因不再担任理事长。

3. 第三届理事会（2002 年 5 月 ~ 2008 年 9 月）

2002 年 5 月 21~23 日，中国建设教育协会 2002 年会员代表大会暨三届一次理事会会议、三届一次常务理事会在北京召开。建设部副部长傅雯娟出席会议并发表重要讲话。会议选举产生了第三届理事会理事、常务理事。李竹成同志当选第三届理事会理事长。

4. 第四届理事会（2008 年 9 月 ~ 2014 年 10 月）

2008 年 9 月 21~23 日，中国建设教育协会第四届会员代表大会暨建设教育科学发展论坛、四届一次理事会议在北京召开。住房和城乡建设部副部长黄卫出席会议并发表重要讲话。会议选举产生了第四届理事会理事、常务理事。李竹成同志当选第四届理事会理事长。2009 年 2 月 17 日，协会四届一次常务理事会在北京召开，会议同意将协会业务主管单位由教育部改为住房和城乡建设部，经相关主管部门审批，2010 年 1 月 25 日完成变更。

5. 第五届理事会（2014 年 10 月 ~ 2019 年 12 月）

2014 年 10 月 12 日，中国建设教育协会第五届会员代表大会暨五届一次理事会在北京召开。住房和城乡建设部副部长王宁对大会作了批示，部人事司副司长郭鹏伟宣读了住房和城乡建设部党组对中国建设教育协会第五届理事会领导成员人选的批复。会议选举产生了第五届理事会理事、常务理事。刘杰同志当选第五届理事会理事长。

6. 第六届理事会（2019 年 12 月 ~）

2019 年 12 月 21 日，中国建设教育协会第六届会员代表大会暨六届一次理事会在深圳召开。住房和城乡建设部人事司二级巡视员陈付宣读了住房和城乡建设部人事司批复。会议选举产生了第六届理事会理事、常务理事。刘杰同志当选第六届理事会理事长。

2020 年 11 月，协会按照国家有关规定，与住房和城乡建设部完成脱钩，党建工作机构变更为中央和国家机关工作委员会。

2021 年 7 月 10 日，中国建设教育协会第六届会员代表大会第二次会议在杭州召开。会议表决通过了修订后的《中国建设教育协会章程》。大会是协会完成脱钩工作、协会党建工作机构变更之后，按照民政部有关工作精神专门召开的一次会员代表大会，大会的胜利召开标志着协会与行政主管部门脱钩工作顺利完成，协会进入了新的发展阶段。

1.3 发展现状

30年来，协会在中央和国家机关工作委员会、民政部、住房和城乡建设部、教育部等部门的指导和支持下，充分发挥引领带动能力、集智聚力能力、改革创新能力，服务支撑能力，积极为国家、社会、行业、会员单位服务。

30年来，协会在历届理事会的带领下，在全体会员单位的共同努力下，工作领域不断拓展，服务水平不断提升，行业影响力和凝聚力不断增强。本会的宗旨是：坚持以习近平新时代中国特色社会主义思想为指导，坚持党的全面领导，坚持为党育人、为国育才，坚持服务国家、服务社会、服务行业、服务会员，培养建设领域拔尖创新人才；团结从事建设教育事业的团体和个人，发挥参谋助手和桥梁纽带作用，深化产教融合，助力行业发展，打造中国建设教育优质品牌，为中国式现代化建设提供高标准、高质量、高效率、可持续的服务，为全面建成社会主义现代化强国、全面推进中华民族伟大复兴作出应有贡献。

业务范围为：积极向政府有关部门反映情况，提出意见和建议，充分发挥桥梁纽带和参谋助手作用；组织开展建设教育领域的人才培养和培训工作，努力提高建设行业从业人员的素质和专业水平；组织开展建设教育领域的教学与科学研究，探索建设教育的规律和特点，与有关部门及院校联合开展建设教育改革试验；推广建设教育教学与科研成果的应用；组织开展多种形式的交流活动，分析研讨建设教育事业改革与发展中的热点和难点问题，提供咨询服务，提出对策建议；组织开展建设教育领域的国际交流，与境外相关组织建立友好合作关系，促进建设教育国际化；组织开展建设教育相关标准的编制，并组织对其进行推广应用；按照有关规定，组织出版建设教育专业刊物及有关书籍资料；组织编写有关建设教育类教材；关心和维护建设教育工作者的合法权益，组织为建设教育工作者服务的各种活动，为本会会员提供相关服务；组织开展各级各类竞赛和活动，提升在校生及企业员工从业能力；兴办符合本会宗旨和业务范围的经济实体及社会服务事业，积极参加社会公益活动；组织开展建设行业相关评价、评估工作；围绕住房城乡建设相关领域中心工作，申请、承接政府委托的各类项目，以国家政策和市场需求为导向，在建设教育领域创新开发和拓展新型业务；组织开展建设教育相关的质量品牌建设工作；制定信用评价标准，委托第三方开展评价；建设教育相关行业信息的调查、收集、统计、更新数据并发布。

当前，协会共有会员单位 1200 多家，设置有 20 个分支机构，即：普通高等教育工作委员会、高等职业与成人教育专业委员会、中等职业教育专业委员会、技工教育工作委员会、继续教育工作委员会、建筑企业人力资源（教育）工作委员会、建设机械职业教育专业委员会、教育技术专业委员会、城市交通教育专业委员会、培训机构工作委员会、房地产专业委员会、院校德育工作委员会、建筑工程病害防治技术教育专业委员会、文化工作委员会、教学质量保障专业委员会、现代学徒制工作委员会、建筑安全专业委员会、就业创业工作委员会、校企合作专业委员会、国际合作专业委员会。

协会秘书处下设 13 个部门：党政办公室、综合管理部、信息文化部、会员服务管理部、活动管理部、远程教育部、培训部、研究部、编辑部、人事部、财务部、创新发展部、评估认证中心；1 个实体机构：中国建设教育协会培训中心。此外，协会还发起成立了廊坊市中科建筑产业化创新研究中心。协会秘书处现有工作人员 43 人，本科以上学历占比 90%，其中硕士研究生以上学历占比 23%，博士研究生占比 8%，高级职称以上人数 12 人。

第 2 章

发挥参谋助手作用

2.1 标准编制

协会瞄准建设行业发展变革方向，充分发挥参谋助手作用，利用平台优势和资源优势，团结专家学者和会员单位，组织开展了国家标准、行业标准、团体标准等的编制工作。

2.1.1 国家标准

随着工业化、信息化深度融合带来的新业态、新技术、新模式蓬勃发展，建筑信息模型（Building Information Modeling，BIM）作为一种新的生产范式和信息化的具体应用形态，正成为建筑业建造方式改革创新的一项重要驱动力。2019 年初，人力资源和社会保障部等多部门联合发布 13 个新职业，“建筑信息模型技术员”纳入国家职业分类大典。

中国建设教育协会是较早面向行业和社会开展 BIM 培训的单位。自 2009 年起，协会组织举办了数届以 BIM 为主题的各级各类竞赛，具有多年 BIM 技术培训推广经验和广泛的专家资源，这为协会承担国家标准组织编制工作奠定了基础。2020 年 3 月 1 日，受人力资源和社会保障部职业技能鉴定中心委托，协会承担《建筑信息模型技术员国家职业技能标准》[①] 的组织编制工作。

协会于 2020 年 4 月正式召开职业标准编制启动会，成立编制小组，同时开展了职业调查和职业分析。调研不仅探讨了建筑信息模型技术员的职业规则与范畴，同时明确了建筑信息模型技术员从基础理论到能力等方面的相关要求。2020 年 9 月 ~ 2021 年 3 月，历时 6 个月，协会完成了《建筑信息模型技术员国家职业技能标准》初稿。

2021 年 4 月 1 日，协会在北京召开了《建筑信息模型技术员国家职业技能标准》初审会议，人力资源和社会保障部相关领导、标准初审专家、标准编制组成员等参加了会议。与会专家围绕《建筑信息模型技术员国家职业

① 职业编码：4-04-05-04。

技能标准》章节设置、各部分内容等进行了研讨，就该标准的专业方向、等级、编制方法、内容侧重等提出了建设性的意见，为下一步编制工作打下了基础。标准编制组结合会议讨论结果对初稿进行了修改。

2021 年 6 月，人力资源和社会保障部职业技能鉴定中心在官网发布《建筑信息模型技术员国家职业技能标准》征求意见稿，向全社会征求意见。7~8 月，标准编制组全面梳理与比对工作大纲与征求意见稿框架内容，对征求意见进行了逐条审核、校对，采纳可行性意见，并对征求意见稿进行修改。

2021 年 8 月 23 日，协会在北京召开了《建筑信息模型技术员国家职业技能标准》终审会议。人力资源和社会保障部、中国建筑标准设计研究院有限公司、中国建筑集团有限公司、同济大学、华建集团等单位的 20 余位专家参加了会议。编写专家组向与会领导和评审专家汇报了《建筑信息模型技术员国家职业技能标准》的编制思路、等级设置及存在问题，相关单位领导对职业标准内容逐条审定，认真听取编写专家的答疑说明，形成评审意见。后续编写组结合意见再次进行修改，终审稿进入人力资源和社会保障部内审流程。

2021 年 12 月 2 日，《建筑信息模型技术员国家职业技能标准》由人力资源和社会保障部正式颁布。该标准规范了建筑信息模型技术员的从业行为，引领了职业教育培训方向，为 BIM 技术的推广和应用提供了重要的理论依据和技术支撑。有利于促进 BIM 职业教育和培训改革，推动专业设置、课程内容与社会需求和企业生产实际相适应，促进质量提升，实现人才培养培训与社会需求紧密衔接；有利于促进就业创业，扩大就业容量，强化职业指导和就业服务。

2.1.2　行业标准

1.《建筑与市政工程施工现场专业人员职业标准》①

为了加强建筑与市政工程施工现场专业人员队伍建设，规范专业人员的

① 《建筑与市政工程施工现场专业人员职业标准》JGJ/T 250—2011。

专业能力评价，指导专业人员的使用与教育培训，促进科学施工，确保工程质量和安全生产，中国建设教育协会受住房和城乡建设部人事司委托，和苏州二建建筑集团有限公司共同组织编写了《建筑与市政工程施工现场专业人员职业标准》，该标准于 2011 年发布，2012 年实施。

《建筑与市政工程施工现场专业人员职业标准》紧密结合建筑施工项目生产实际，对施工现场专业技术管理人员的岗位设置、专业知识、职业技能、考核评价等作出了规定。自实施以来，对于提高建筑施工现场专业人员的职业素质、保证建筑工程质量安全、推动工程项目经理施工管理水平提升发挥了重要作用。该标准分别于 2016 年、2021 年通过了住房和城乡建设部建筑工程质量标准化委员会组织的建设标准复审。

2.《市政公用设施运行管理人员职业标准》

受住房和城乡建设部委托，协会组织编写了《市政公用设施运行管理人员职业标准》CJJ/T 249—2016。根据《关于印发 2012 年工程建设标准规范制订修订计划的通知》要求，协会组织行业专家完成初稿编写工作，并在中国建设教育协会五届二次常务理事会和第五届中等职业教育专业委员会工作总结会上发放征求意见函，汇总意见后及时提交编制组。2015 年 1 月，协会将《市政公用设施运行管理人员职业标准（征求意见稿）》通过网络在全国公开征求意见。7 月 14 日，协会在北京组织召开了工程建设行业标准《市政公用设施运行管理人员职业标准（送审稿）》审查会议，会上该标准通过了专家审核。该标准于 2016 年由住房和城乡建设部颁布实施。

《市政公用设施运行管理人员职业标准》对城镇供水、排水、供热、供燃气、垃圾填埋、焚烧行业生产运行管理人员的职业岗位设置、专业知识与专业技能构成及要求等作出规定，为企业组织开展从业人员岗位技能培训和继续教育，更新知识、提升能力提供了技术依据。标准内容能够适应国家经济社会发展需要，体现市政公用行业“放管服”改革总体精神，契合加强职工队伍建设的实际，对于推动住房和城乡建设行业领域技术进步、管理和组织方式创新，具有积极的促进作用。该标准分别于 2017 年、2018 年、2019 年和 2021 年通过了住房和城乡建设部市政给水排水标准化技术委员会组织的工程建设标准复审。

3.《中职学校顶岗实习标准》

《中职学校顶岗实习标准》是教育部全国住房和城乡建设职业教育教学指导委员会（以下简称行指委）公布的“行业指导职业院校专业改革与实践立项项目”（简称四个项目）中的第二项“制定职业院校学生顶岗实习标准”（共 30 项顶岗实习标准）中的一项研究课题（教育部司局教育课题）。为了把这项工作做好、做实，协会多次与教育部、住房和城乡建设部、行指委沟通，掌握该研究项目的基本要求，于 2014 年先后组织召开课题编制组成立工作会、推进会，来自全国部分省市学校、企业和协会的专家共 20 余人参加了会议，部分高职学校专家应邀到会指导。会议明确了《中职学校顶岗实习标准》编制的任务、分工和工作完成时间表。2015 年初，协会完成了中职学校土建施工和建筑装饰两个专业顶岗实习标准的初稿；3 月份通过了教育部的中期检查；8 月份通过了住房和城乡建设部中等职业专业指导委员会的验收，9 月份通过了教育部的验收。该标准于 2016 年由教育部颁布实施。

4.《装配式建筑专业人员职业标准》《装配式建筑职业技能标准》

受住房和城乡建设部人事司委托，协会作为牵头单位，组织开展《装配式建筑专业人员职业标准》《装配式建筑职业技能标准》编写工作，2017 年底正式启动。

住房和城乡建设部人力资源开发中心、重庆大学、中建科技集团有限公司联合承担两项标准的编制工作。编制前期，协会与参编单位做了大量筹备和调研工作，整个过程历时 2 年。通过调研，编写组专家着重了解了有关装配式建筑新增工种设置必要性、技能鉴定等级及有关装配式建筑的相关教育培训等现状，为修订和完善装配式建筑新增工种的内容，以及编写两项标准提供基础性材料。

2020 年 1 月 10 日，标准编写启动会在北京召开。按照住房和城乡建设部颁布的《行业职业技能标准编写样例》（2018 年版）的要求，通过对装配式新增职业的研讨和分析，确定了标准初稿框架和编写方案，明确了人员分工及后续计划，两项标准进入编写阶段。标准包括装配式混凝土和装配式钢结构共 7 个新工种和 5 类新人员。

2020 年 10 月 31 日，标准初审会议在成都召开。住房和城乡建设部相关领导、标准审查专家、标准编写组成员出席会议。会上讨论了标准编写情况及内容，提出修改意见和建议。标准编写组结合初审意见进行修改，于 2021 年 9 月完成征求意见稿，并于同月再次召开标准预审会。

2021 年 11 月 24 日，住房和城乡建设部就《装配式建筑职业技能标准（征求意见稿）》和《装配式建筑专业人员职业标准（征求意见稿）》面向社会公开征求意见。编写组共收集 200 余条意见，并结合意见进行修改，于 2022 年上半年完成标准终审及后续相关流程。两项标准的正式颁布将为装配式建筑从业人员的规范培养与职业能力鉴定提供根本依据。

2.1.3 团体标准

为充分发挥社会组织、企业、事业单位和个人等市场主体作用，近年来，根据《中华人民共和国标准化法》和国家标准委员会、民政部发布的《团体标准管理规定（试行）》等法律法规、部门规章，中国建设教育协会分支机构参编多项团体标准，见表 2-1。

协会分支机构参编的部分团体标准 表2-1

序号	标准号	标准名称
1	T/CCMA 0051—2017	土方机械动力总成悬置系统振动试验方法
2	T/CCMA 0071—2019	轮胎式装载机驱动桥传动部件疲劳试验方法
3	T/CCMA 0072—2019	挖掘机动臂疲劳寿命试验方法
4	T/CECS 780—2020	螺杆灌注桩技术规程
5	T/CECS 794—2021	混凝土板桩支护技术规程

2022 年 6 月 7 日，中国建设教育协会发布了《中国建设教育协会关于征集团体标准项目的通知》，正式开始了团体标准的组织编制工作。

2.2　课题研究

多年来，协会重视教育教学研究工作，紧跟国家大政方针和行业发展趋势，对建设教育和人才队伍建设的发展、管理、职能、作用、问题等方面进行研究分析、梳理和归纳，为行业教育和人才培养提供了基础研究成果。

协会成立初期，受政府部门委托或自主开展了《面向 21 世纪建设教育发展战略研究》《21 世纪初建筑业教育结构体系研究》《21 世纪初建设教育发展战略研究》《面向 21 世纪高等工程教育教学内容、课程体系改革研究》《建设教育“十五”计划和 2015 长远规划》等课题的研究工作。为适应形势需要，协会于 1998 年开展了“建设教育思想和观念大讨论”。之后，又开展了《建设事业“十一五”人才队伍建设规划》《建设行业学历证书和职业资格证书互相转换的理论与实践研究》等课题研究。这些工作的开展为协会科研工作奠定了坚实的基础。

2.2.1《中国建筑业技术工人能力提升工程》

协会与清华大学合作，开展了中国工程院重大咨询研究项目——《中国建造高质量发展战略研究》子课题《中国建筑业技术工人能力提升工程》的研究工作。协会依托建筑安全专业委员会，组织开展相关调研和研讨。该课题于 2020 年开题，2021 年 6 月结题。

该课题的具体研究成果包含：①调研国内建筑业工人基本现状及职业能力培养情况；②解析建筑工人队伍能力提升面临的挑战；③梳理分析发达国家及地区建筑工人队伍建设的成功经验；④提出中国建筑业工人能力提升的战略目标、重点任务、保障措施及政策建议。课题通过系统分析中国建造高质量发展对从业人员的要求、人才培养的关键路径，为建立“质量创造效益、人才促进生产、创新展现动力、市场激发活力”的高质量发展格局提供了有力支撑。

2.2.2《装配式建筑技能人才需求》

根据《国务院办公厅关于大力发展装配式建筑的指导意见》、住房和城乡建设部《“十三五”装配式建筑行动方案》等文件要求，2016 年 8 月协会立项开展了《装配式建筑技能人才需求》课题研究，在前期调研阶段实地走访了 13 个省市的设计院、建设单位、构件工厂及行业学协会，同时向 21 个省市发出调研问卷，覆盖有关装配式建筑的构件厂、设计院、研究院、行业学协会、咨询单位、施工单位、地产单位相关人员，涵盖装配式建筑的全过程、全领域。

本课题以装配式建筑人才培养需求为出发点，研究内容包括：装配式建筑国内外发展状况；装配式建筑设计阶段、生产阶段、施工阶段较传统建筑方式而言岗位增设需求、各岗位人才技能需求、人员储备知识需求、培养路径、市场条件下各岗位人才数量估计；企业典型案例；装配式混凝土结构人才技能需求情况。本课题研究不包含开发阶段和运维阶段。针对市场需求和发展现状，课题从职业学校和社会培训两个角度入手，研究了人才培养方案及建议，包括产业技能结构转型升级方案、装配式建筑的人才种类和知识要求、人力资源的管理与开发方法、人才培养体系建设、职业教育的专业建设和人才培养模式转型方式、普通高等教育的专业建设和人才培养模式优化方式、装配式建筑技能人才培养保障措施等内容。本课题于 2017 年 5 月去北京召开专题编审会。

2.2.3《建筑业现代学徒制》

为贯彻落实《国家职业教育改革实施方案》《教育部办公厅关于全面推进现代学徒制工作的通知》等文件精神，及时了解建设类高职现代学徒制试点工作进展、存在的问题，发挥专家作用，加强对试点的指导，2020 年 10 月，中国建设教育协会现代学徒制工作委员会经研究决定，对高职院校土建类专业现代学徒制试点专业开展情况进行调研，并形成了完整的调研成果——《建筑业现代学徒制结题报告》。

2.3 “1+X”证书制度试点工作

2019 年初，国务院印发《国家职业教育改革实施方案》（以下简称《方案》）。《方案》要求，从 2019 年开始，在职业院校、应用型本科高校启动“学历证书 + 若干职业技能等级证书”制度（以下简称“1+X”证书制度）试点工作。“1+X”证书制度鼓励学生在获得学历证书的同时，积极取得多类职业技能等级证书。该制度是职业教育改革的利器和手段，是促进技术技能人才培养培训模式、评价模式改革以及提高人才培养质量的重要举措。为此，教育部等四部委联合发布《关于在院校实施学历证书 + 若干职业技能等级证书制度的试点方案》。教育部门从 2019 年 4 月开始，面向国家现代农业、先进制造业、现代服务业、战略性新兴产业等 20 个技能人才紧缺领域，启动试点工作。建筑信息模型（BIM）等 5 个职业技能成为首批试点领域。经过全国住房和城乡建设职业教育教学指导委员会、教育部职业教育发展中心等部门的推荐和严格选拔，由协会发起成立的廊坊市中科建筑产业化创新研究中心成为首批教育部“1+X”建筑信息模型（BIM）职业技能等级证书培训评价组织，并在全国第一个开展证书试考。在这项工作中，协会利用多年来在 BIM 专项工作中取得的成果和经验，为国家职业教育改革提供了技术支撑。

2.3.1 廊坊市中科建筑产业化创新研究中心

廊坊市中科建筑产业化创新研究中心（以下简称廊坊中科）是由中国建设教育协会、国家土建结构预制装配化工程技术研究中心、上海领业建筑科技有限公司共同发起成立的民办非企业组织。廊坊中科致力于围绕工程建设领域新技术、新材料、新工艺开展技术研发、技术咨询，面向企业、院校开展各类职业技能培训、职业教育改革创新探索、专业建设课题研究等工作，搭建技术科研、人才培养、校企合作的资源服务平台，实现成果、课题、资源信息共享，科研合作与成果落地转化，为建筑行业人才培养实现标准化、系统化提供服务，形成产、学、研一体的合作平台，解决工程建设领域人才培养关键问题，助力建筑行业转型升级。

廊坊市中科的主要业务为：

1. 建筑信息化技术研发、技术服务、技术咨询、技术培训，包括：建设项目方案阶段、施工阶段、运营维护阶段等的设计及全过程的 BIM 咨询与人员培训；

2. 装配式工厂建设咨询、相关专业技能岗位人员培养，工厂及车间规划、生产工艺布局、工厂配置、设备选型、人员培训、技术培训、管理培训、首个项目生产指导。构件标准化设计、工厂化生产、装配化施工、信息化管理等“BIM+”装配式咨询及人员培训；

3. 发布行业报告和装配式建筑科技需求，发布联盟科研课题；

4. 建设科研合作平台，实现成果、课题、资源信息共享，提供信息检索与对照，促成科研合作与成果转化；

5. 开展科技课题研究和管理，共同申报国家、省部级重点研发课题；

6. 搭建建筑产业化行业高精尖智库；

7. 研究建筑产业化人才培养方案；

8. 进行建设类院校建筑产业化专业建设、课程开发；

9. 针对建筑产业化领域面向企业、建设类院校开展技术支持，企业科技成果转化应用推广；

10. 建设类人才国际游学；

11. 提供覆盖住房和城乡建设领域全面的媒体宣传服务。

2.3.2 建筑信息模型（BIM）职业技能等级证书

为在相关院校有效实施“学历证书＋若干职业技能等级证书”制度（以下简称“1+X”证书制度）试点工作，2018 年 9 月，教育部职业技术教育中心研究所受教育部职业教育与成人教育司委托，发布了《关于招募职业技能培训组织的公告》。2019 年 4 月 15 日，经专家论证和公示公告等程序，教育部职业技术教育中心研究所发布《关于确认参与“1+X”证书制度试点的首批职业教育培训评价组织及职业技能等级证书的通知》，廊坊中科被确认成为首批 5 家“1+X”证书制度试点首批职业教育培训评价组织之一。证书名称：建筑信息模型（BIM）职业技能等级证书。

2019 年 9 月 22 日，在廊坊中科的组织下，“1+X”建筑信息模型（BIM）职业技能等级证书（以下简称“1+X”BIM 证书）首次试考工作顺利完成。本次考试在上海、重庆、山东、江苏、安徽、四川、河南、广东、浙江 9 省（市）同时进行，来自 18 所职业院校的 702 名考生参加了考试，288 名学生取得了首批“1+X”BIM 证书。

2019 年 11 月 6 日，“1+X”BIM 证书首次全国考点考前动员会暨首批试考证书颁发仪式在河北廊坊召开，来自住房和城乡建设部、全国住房和城乡建设职业教育教学指导委员会、中国建设教育协会的相关负责人和 272 所院校的 550 余名教师参加了会议。“1+X”00001 号证书首批颁发给院校。这是国家职业教育改革“1+X”证书制度试点工作开展以来全国发放的首批证书。中央电视台、人民日报等多家大型媒体对本次活动进行了报道。

“1+X”BIM 证书立足于建筑产业未来发展和需求，标准高、内容实、考核严。证书已得到众多建设行业企业的认可和支持，对于促进学生就业起到重要作用。

截至 2021 年底，“1+X”BIM 证书试点院校共计 700 余所，覆盖土木、建筑、市政、工程等 70 多个专业，年度申报计划试点学生 10 余万人，其中 500 余所院校被遴选成为考核站点。

“1+X”BIM 证书分为初级、中级和高级 3 个级别，其中中级分为城乡规划与建筑设计、结构工程、建筑工程管理、建筑设备、市政工程 5 个方向。考核评价实行统一大纲、统一命题、统一组织的考试制度，每年开展 5 次考评，上半年 2 次，下半年 3 次，共有数万人参加考评。

新冠疫情期间，为满足各院校的学习需求，廊坊中科联合 12 家建筑信息化软件厂商发布了《关于疫情期间免费提供建筑信息模型（BIM）职业技能相关应用软件与学习课程的通知》，为院校学生免费提供建筑信息模型（BIM）职业技能软件与学习课程，帮助广大学生完善学习基础条件。软件共计 2 万余人申请使用。在线真题解析培训包含初级 BIM 建模、中级 BIM 考评 4 个方向课程，累计培训学生数量约 7 万人次。

2.3.3 装配式建筑构件制作与安装职业技能等级证书

为进一步做好在院校实施的“学历证书 + 若干职业技能等级证书”制度试点工作，根据教育部有关工作安排，2019 年 4 月，教育部职业技术教育中心发布了《关于持续招募职业教育培训评价组织的公告》。经过专家遴选、公示、核查企业信用和涉税信息、复核等程序后，提请国务院职业教育工作部际联席会议审议，确定 63 家职业教育培训评价组织的 76 个职业技能等级证书参与“1+X”证书制度第三批试点。廊坊中科被确认成为第三批职业教育培训评价组织之一。证书名称：装配式建筑构件制作与安装职业技能等级证书。

该证书适用于土建类相关专业，面向装配式建筑构件设计、生产、施工、建设管理等工作岗位，反映其职业活动和个人职业生涯发展所需要的相关综合能力。

装配式建筑构件制作与安装职业技能等级证书分为初级、中级和高级 3 个级别，考核评价分为理论考试和实操考试两部分，实行统一大纲、统一命题、统一组织的考试制度，每年开展 4 次考评，通过考评后，予以颁发职业技能等级证书。

考评资源建设包括混凝土构件制作、装配式建筑施工和深化设计 3 个部分；培训考核基础题库建设包括混凝土构件制作、安装 2 个部分。

截至 2021 年底，装配式建筑构件制作与安装职业技能等级证书试点院校共计 300 余所，年度试点学生 2 万余人。

2.4 学分银行

学分银行是模拟、借鉴银行的特点，以学分为计量单位，对学习者的各类学习成果（学业成就）进行统一认证和核算，具有学分认定、积累、转换和检索等功能的新型学习和教育管理制度。在《国家中长期教育改革和发展规划纲要（2010~2020 年）》中明确提出要“建立学习成果认证体系，建立‘学分银行’制度”。

2012 年 6 月，教育部职业教育与成人教育司委托国家开放大学正式立项研究国家“学分银行”制度，对学习成果认证、积累与转换制度进行顶层设计。

2015 年 10 月，十八届五中全会审议通过的《中共中央关于制定国民经济和社会发展第十三个五年规划的建议》明确指示：建立个人学习账号和学分累计制度，畅通继续教育、终身学习通道。

随后，国家开放大学学分银行学习成果转换管理网正式投入使用，为社会各界学习成果携带者或学习型组织办理学习账户和学习信息管理业务。

2.4.1　建筑行业认证分中心

2016 年 3 月，中国建设教育协会递交成立建筑行业认证分中心的书面申请，5 月 10 日，中国建设教育协会正式获批成为国家开放大学学习成果认证中心建筑行业认证分中心。2016 年 6 月 22 日，学习成果认证中心建筑行业认证分中心在协会正式挂牌。

该中心主要任务是：落实和完善学习成果认证分中心的基础建设，统一执行学习成果认证中心的认证标准、质量标准、服务标准；统一使用学习成果认证中心信息平台，保证人员配置和业务开拓；规划、组织申报学习成果认证点，按照相关要求进行配置和管理，指导认证点开展业务；按照要求建立和维护所在行业学员的学习账户、认证，存储学员的学习成果，完成学员相关学分转换、汇兑业务；开展学习成果认证业务，负责行业范围内学分定制业务转换标准的设计，并组织申报；按照规定的人员培训计划和要求，对行业下设分中心和认证点的相关工作人员进行业务培训和定期考核；为学员提供咨询等支持服务；开展学习成果认证宣传，完善各类统计工作；组织实施行业下设认证点的检查、评估和评优工作。

2.4.2　学习成果认证、积累与转换课题项目

中国建设教育协会于 2018 年按照国家开放大学学分银行要求，承接建

筑行业学习成果认证、积累与转换课题项目（项目编号：XM2017cb018）。研究目标：挖掘建筑行业 BIM 证书资源，与建筑行业人力资源能力水平评价体系设计相对接，通过认证单元（标准）的定义，构建建筑行业 BIM 证书体系；通过认证单元的开发，实现建筑信息化领域非学历证书与学历教育之间的沟通与衔接，搭建建筑行业人才成长“立交桥”。

在行业相关机构支持下，由中国建设教育协会牵头，以高校为依托，落实各项基础工作，包括建筑行业学习成果互认联盟建设工作、认证单元（标准）制定工作、认证单元（标准）应用工作、学分银行服务于学习型行业建设工作。

学习成果认证、积累与转换项目——BIM 建模应用技能证书认证单元制定项目成果公布后，通过比对中国建设教育协会 BIM 建模技能一级等级考试考核内容和相关教育及培训体系与各职业院校建筑工程、工程管理、工程造价等（专科）专业课程教学实施内容，确定两者共有的知识与技能框架以及在内容、结构及其组合等方面存在的差距，对共通点进行梳理，确定考核的内容和技能结构能完全覆盖的学历教育课程，制定相应的学分转换规则，达到该专业于 BIM 证书之间、非学历证书成果向学历教育学分之间的相互转换。

2.4.3 个人学分银行账户

自 2016 年学分银行账户平台启用至今，依托中国建设教育协会开展的住房和城乡建设领域 BIM 证书培训考评工作，学习成果认证中心建筑行业认证分中心有效账户已达四万余个。下一步分中心将推动竞赛与学分银行项目相结合，为参赛选手建立个人学分银行账户，将竞赛成绩向学分、证书转化，为后续培训再进修、企业遴选人才提供保障。

2.4.4 学习成果互认联盟

学习成果互认联盟是根据国家推进学习成果认证、积累与转换制度建立的相关文件要求及试点精神，由国家开放大学联合各类颁证机构共同发起、自愿组建的基于学习成果框架进行学习成果互认和转换的非营利性、非法人、开放性合作组织。

中国建设教育协会于 2017 年 6 月正式提交第一次申报材料，得到国家开放大学相关部门的修改意见后，于同年 8 月 21 日正式加入学习成果互认联盟。

加入学习成果互认联盟以后，协会的考评证书被列入互认联盟名册，其提供的学习成果经过认证将被纳入学习成果框架管理，形成学习成果名录，统一向社会推广；可以向互认联盟内的机构提出学习成果转换申请，获得对方同意后可按照学分银行的技术路径进行学习成果转换；可以获得学习成果认证、积累与转换的技术指导及服务。

2.5　参与住房和城乡建设职业教育教学指导工作

协会积极参与全国住房和城乡建设职业教育教学指导委员会工作（以下简称“行指委”)。行指委是受教育部委托，由住房和城乡建设部牵头组建和管理，对住房和城乡建设行业相关专业职业教育和培训工作进行研究、咨询、指导和服务的专家组织，每届任期五年。协会主要参与了教学标准编制与审查、组织竞赛等工作。2014~2021 年，协会为行指委副主任委员单位，刘杰理事长任副主任。

协会还积极参与住房和城乡建设部中等职业专业指导委员会（以下简称“专指委”）工作。协会远教部作为专指委秘书处办公室，与各分指委保持日常联络，组织专家参加课题研究，组织竞赛和会议，编制换届方案，统筹完成上级部门布置的各项工作。

第3章

科学研究

开展科学研究工作是协会的一项重要任务，它既是为行业教育改革与发展提供咨询服务的基础，又是协会发挥自身作用，提高服务水平的需要。多年来，协会积极探索工作思路，组织多种科学研究和交流活动。

3.1 《中国建设教育发展年度报告》

为了客观、全面地反映中国建设教育发展状况，协会从 2015 年开始，每年编制一本反映上一年度中国建设教育发展状况的分析研究报告，即《中国建设教育发展年度报告》(以下简称《发展报告》)。

2015 年 4 月，协会在北京组织召开了《发展报告》编写工作第一次会议，聘请来自普通高等学校、职业院校、技工学校、企业、地方建设教育协会等不同领域且长期从事建设教育工作的 20 余位专家学者担任编委，参与编写工作。中国建设教育协会理事长刘杰和哈尔滨工业大学教授王要武担任主编。会议主要就《发展报告》的框架、大纲以及参加编写人员和工作进度进行了研究，就王要武教授拟定的编写方案进行了认真研讨。同年 5 月，协会就《发展报告》的编写方案（初步意见稿）及编写组织名单等向住房和城乡建设部主管领导进行了请示和汇报，并得到部领导的同意和支持。同年 6 月，协会在北京组织召开了《发展报告》编写工作第二次会议，进一步修改完善并确定了《发展报告》编写大纲，研究确定了相关数据统计项目以及收集办法，制定了编写工作时间表。住房和城乡建设部人事司主管领导参加了此次会议。《中国建设教育发展年度报告（2015）》于 2016 年 8 月出版发行，住房和城乡建设部副部长易军应邀为《发展报告》作序。

在后续的编写过程中，协会每年组织召开一次编委会工作会，对《发展报告》编写大纲等进行适时的修改并制定年度工作时间表，保障《发展报告》的顺利出版。截至 2022 年，《发展报告》已连续出版发行了 7 册。《中国建设教育发展报告（2020—2021）》主要内容包括：

第 1 章从建设类专业普通高等教育、高等建设职业教育、中等建设职业教育 3 个方面，分析了 2020 年学校教育的发展状况。具体包括：从教育概况、分学科专业学生培养情况、分地区教育情况等多个视角，分析了 2020 年学校建设教育的发展状况，总结了学校建设教育的成绩与经验，剖析了学校建设教育发展面临的问题，提出了促进学校建设教育发展的对策建议。

第 2 章从建设行业执业人员、建设行业专业技术人员、建设行业技能人员 3 个方面，分析了 2020 年继续教育、职业培训的状况。具体包括：从人员概况、考试与注册、继续教育等角度，分析了建设行业执业人员继续教育与培训的总体状况，剖析了建设行业执业人员继续教育与培训存在的问题，提出了促进继续教育与培训发展的对策建议；从人员培训、考核评价、继续教育等角度，分析了建设行业专业技术人员继续教育与培训的总体状况，剖析了建设行业专业技术人员继续教育与培训存在的问题，提出了促进继续教育与培训发展的对策建议；从技能培训、技能考核、技能竞赛和培训考核管理等角度，分析了建设行业技能人员培训的总体状况，剖析了建设行业技能人员培训面临的问题，提出了促进培训发展的对策建议。

第 3 章选取了若干不同类型的学校、企业进行了案例分析。在学校教育方面，包括一所普通高等学校、一所高等职业技术学校和两所中等职业技术学校的典型案例分析；在继续教育与职业培训方面，包括两家企业和两个社会组织的典型案例分析。

第 4 章根据协会秘书处及分支机构提供的年会交流材料、研究报告，相关杂志发表的教育研究类论文，总结出教育发展模式研究、人才培养与专业建设、立德树人与课程思政、行业职业技能标准体系等 4 个方面的 20 类突出问题和热点问题进行研讨。

第 5 章总结了 2020 年中国建设教育发展大事记，包括住房和城乡建设领域教育发展大事记和中国建设教育协会大事记。

第 6 章汇编了 2021 年中共中央、国务院、教育部、住房和城乡建设部颁发的与中国建设教育密切相关的政策、文件。

《发展报告》在认真分析我国建设教育发展状况的基础上，紧密结合我国教育发展和建设行业发展实际，科学地分析了建设教育的发展趋势和面临的问题，提出对策建议，具有很强的参考价值。书中提供的大量数据和案例，既有助于开展建设教育的学术研究，也对当前发展的创新点和聚焦点进行了归纳总结，是教育教学与产业发展相结合的优秀典范。作为系统分析中国建设教育发展状况的系列著作，《发展报告》对于全面了解我国建设教育的发展状况、学习借鉴建设教育发展的先进经验、开展建设教育学术研究，具有重要的借鉴价值。受到行业相关院校教学、科研和管理人员、政府部门管理人员和企业从事继续教育和培训工作者的欢迎。

3.2 教育教学科研课题工作

3.2.1 教育教学科研课题研究

协会在开展教育教学科研工作的同时，更加注重引领会员单位结合建设行业发展及自身实际情况开展教育教学科研工作。2002 年，协会以成立 10 周年为契机，首次开展了课题研究立项工作，最终正式立项了 33 项课题。内容涉及：建设教育发展简史的研究，社会主义市场经济、知识经济、信息社会对建设事业和建设教育影响的研究，国家教育事业的改革与发展对建设教育的影响的研究，建设高等教育的研究，建设职业教育的研究，建设继续教育（成人教育）的研究，建设企业教育的研究，建设教育的质量保证体系的研究，建设教育运行机制的研究，建设教育可持续发展的研究和国际国内教育新理念（教育理论、教育思想、教育内容、教育方法和教育手段）的研究等 11 个方面。2005 年、2007 年、2009 年、2011 年协会分别组织了 4 次教育教学科研课题立项工作，课题内容主要侧重在人才培养模式与课程、教育教学模式改革等方面。随着教育教学科研课题立项工作的深入，协会及时根据会员单位的需要，2005 年首次组织开展推荐申报建设部软科学研究项目的立项工作，并获准立项 2 项课题。之后在 2008 年、2009 年、2010 年、2011 年，分别组织开展推荐申报住房和城乡建设部年度软课题软科学研究项目的立项工作。2012 年，在协会成立

20 周年之际，协会还组织出版了《教育改革　科研引领——庆祝中国建设教育协会成立 20 周年优秀教育科研成果选编》。

党的十八大以来，为紧密结合建筑业高质量发展趋势和落实教育事业注重内涵发展和品质提升的要求，更好地开展教育教学科研课题立项工作，在每次立项工作开始前，协会围绕建设教育工作面临的重点、难点和热点问题，编制科研课题指南，引领会员单位开展相关教育教学研究。

2013 年，立项围绕完善建设行业职业标准建设、职业能力评价研究，建设行业专业与职业教育培训衔接互通研究，建设行业职业教育课程教材研究，加强顶岗实习和实训教学训练研究，建设行业专业职业教育核心能力培养、素质教育研究，职业教育集团化办学体制、机制、运行、管理研究，以提高质量为核心推动建设类高等教育内涵式发展研究，建设类院校教育信息化研究，建筑业农民工教育培训、技能人才培养问题研究，建设行业企业教育培训工作、学习型组织建设的现状和发展研究等 10 个方面，经过各会员单位推荐，协会分支机构和地方建设教育协会初评，以及协会组织专家评审，最终确定《美国大学土木工程与环境科学“基于标准的学业成就评价”研究与借鉴》等 117 项课题为 2013 年度协会教育教学科研立项课题。

2015 年，立项围绕建设行业人才培养模式综合改革的研究与实践，建设行业专业和实践创新基地建设研究，建设行业课程和教材建设研究，管理学工程管理专业（本科）建设与研究，建设行业企业职业教育培训工作的现状和发展研究，推进素质教育、促进学生成长成才的研究与实践，学科竞赛体系建设与学生能力培养的研究与实践，建筑业农民工教育培训、技能人才培养问题研究，建设类院校教育信息化建设的研究与实践，职业教育集团化办学体制、机制、运行、管理研究等 10 个方面，经过各会员单位推荐，协会分支机构和地方建设教育协会初评，以及协会组织专家评审，最终确定《建筑类院校精品课群的研究与探索》等 171 项课题为 2015 年度协会教育教学科研立项课题。

2017 年，立项围绕建设类院校工程教育改革实践与对策研究，面向建设行业人才的创新创业教育模式研究，素质教育实施途径的研究与实践，建设行业企业职业教育培训工作的状况分析和发展研究，装配式建筑技能人才培养的研究与实践，面向建设行业的课程和教材建设研究，管理学工程管理专业（本科）的建设与研究，学科竞赛、技能大赛体系建设与学生能力培养的研究与实践，建筑业农民工教育培训、技能人才培养问题研究，建设类院校教育信息化建设的研究与实践等 10 个方面，经过各会员单位推荐，协会分支机构和地方建设教育协会初评，以及协会组织专家评审，最终确定《面向工程教育的协同育人机制之研究与实践》等 139 项课题为 2017 年度协会教育教学科研立项课题。

2019 年，立项围绕建设类院校工程教育改革实践与对策研究，加强新形势下行业院校德育工作、“思政课程”与“课程思政”建设的研究与实践，建设行业职业教育的改革与实践，深化建设行业创新创业教育改革的研究与实践，装配式建筑技能人才培养的研究与实践，建设建筑类“金课”的研究与实践，面向建设行业的教材建设以及学员能力培养的研究与实践，学科竞赛、技能大赛体系建设与学生能力培养的研究与实践，建筑业农民工教育培训、技能人才培养问题研究，建设类院校教育信息化建设的研究与实践等 10 个方面，经过各会员单位推荐，协会分支机构和地方建设教育协会初评，以及协会组织专家评审，最终确定《新工科背景下多方协同育人模式的构建与探索》等 301 项课题为 2019 年度协会教育教学科研立项课题。

2021 年，立项围绕建设类院校工程教育改革实践与对策研究，建设行业职业教育的改革与实践，加强新形势下行业院校德育工作、“思政课程”与“课程思政”建设的研究与实践，学科竞赛、技能大赛体系建设与学生能力培养的研究与实践，新时代建筑产业工人队伍培育问题的研究与实践，深化建设行业创新创业教育改革的研究与实践，建设行业校企合作、产教融合人才培养的模式探索与实践，疫情防控常态化背景下建设类院校在线教学的探索与实践，建设行业教育教学科研成果转化途径的研究与实践，新时代建筑类院校研究生教育的改革与实践 10 个方面，经过小组初审及专家复审，最终确定《共生理论视域下地方高校产教融合的困境与超越》等 296 项课题为 2021 年度协会教育教学科研立项课题。

3.2.2　思政专项课题研究

2020 年，为深入学习领会习近平新时代中国特色社会主义思想，深度结合“不忘初心、牢记使命”主题教育，学习贯彻习近平总书记关于新冠肺炎疫情防控系列重要讲话精神，协会紧密围绕建设类院校党建与思想政治教育的重大理论和实践问题，依托院校德育工作委员会开展了思政专项课题立项工作，围绕思政教育教学改革研究、协同育人研究、德育创新研究、高校基层党建研究、师资队伍建设研究等 5 个方面，共收到 29 所院校的 201 项课题申请，经专家初审和抽取复审，最终确立《基于思政教育的专升本学生就业指导效能提升策略研究》等 171 项为 2020 年度思政专项立项课题，其中本科院校 74 项，高职院校 91 项，中职及技工院校 6 项。

3.2.3　教育教学科研课题成果转化

协会于 2020 年启动了教育教学科研课题成果转化工作，并于当年组织专家成功转化协会 2017 年度立项课题成果 4 项，分别是：建设机械培训行业管理信息化系统、平臂式教学专用塔式起重机实训研究、动臂式教学专用塔式起重机实训研究、教学专用电动挖掘机实训研究。4 个项目共编制软件程序 2 套，研发新装备 3 种，申请专利 8 项，已获授权发明 2 项，实用新型专利 2 项；获得软件著作权 2 项，发表论文 4 篇，出版教材 2 部，编制团体标准 1 部，提炼教学教法案例 3 项。

3.2.4　相关管理制度

2005 年，协会首次对教育教学科研课题立项工作专门制定了规范性文件——《中国建设教育协会科研课题立项管理暂行规定（试行）》。2007 年，在新制定《中国建设教育协会科研课题成果鉴定结题管理办法》的同时，又修订了《中国建设教育协会科研课题立项管理暂行规定（试行）》，对“立项申请人的条件”“立项的时间”“成果形式”“立项申报、评审的程序”等作出了原则性的规定，使协会今后开展科研课题立项工作有了基本依据，并确定每两年举办一次科研课题立项。2016 年和 2020 年，根据开展教育教学科研课题立项和结题工作发现的问题，结合部分课题负责人及专家的意见，协会又修订了与立项和结题相关的两项管理办法。通过制度建设，近年来协会课题申报数量、结题数量、结题率不断攀升，课题成果质量不断提升，一大批课题成果都在高水平学术期刊上发表了学术论文，部分课题成果取得了发明专利、出版了教材和专著，部分课题成果获得了省部级教育教学成果奖，成为国家或省部级精品课程。

3.3 专家工作委员会

2009 年，为有效整合教育专家的力量，促进建设教育事业发展，协会成立了专家委员会，并制定了《中国建设教育协会专家委员会管理办法》，2012 年协会又制定了《中国建设教育协会专家委员会工作条例（试行）》。协会专家委员会的组建极大提升了协会研究能力与专家力量，搭建了建设教育领域高层次的交流平台，提高了协会服务质量。

2018 年，为进一步丰富专家队伍，完善专家库建设，协会依托各分支机构征集遴选了 200 余名专家。同年，协会还协助教育部办公厅开展了“推荐 2018~2022 年教育部高等学校教学指导委员会委员”的工作；协助教育部高等教育教学评估中心、中国工程教育专业认证协会开展了第二批“推荐工程教育认证专家”的工作。

2020 年，为了适应建设教育发展新形势和协会发展新要求，充分发挥专家对建设教育的研究、咨询和指导作用，实现建设教育内涵式发展，协会在原有专家委员会的基础上，结合 2018 年开展的 3 次专家推荐工作积累的专家资源，组建了专家工作委员会。协会还配套制定了《中国建设教育协会专家工作委员会条例》，明确了协会专家工作委员会是由从事建设教育领域相关工作的专家组成的高水平战略研究机构，是协会的咨询机构。

专家工作委员会聘请住房和城乡建设部原副部长齐骥担任名誉主任，20

位院士担任顾问，协会理事长刘杰担任工作委员会主任。专家工作委员会设有专家库，汇集了来自建设类普通高等院校、职业院校、技工院校、行业企业，覆盖 12 个专业门类的 340 余名专家。专家工作委员为协会高质量健康发展提供了强有力的支撑，为建设教育事业的战略规划和长远发展提供了智力支持。专家库的相关专家直接参与了协会教育教学科研、标准制定、竞赛活动（编写竞赛规程、进行赛前培训、现场执裁）、学分银行、人才培训等工作。如，在“1+X”证书制度相关工作、《装配式建筑职业技能标准》《装配式建筑专业人员职业标准》编制工作、《中国建设教育发展年度报告》编写工作中，专家库成员凭借对行业的深入了解、丰富的工作经验、高水平的专业能力，为协会品牌项目的建设贡献了力量。

3.4　学术交流活动

学术交流活动紧密结合建设教育改革发展及会员单位实际，聚焦建设教育的热点问题进行探讨和研究，是协会的传统工作和品牌项目。

3.4.1　全国建筑类高校书记、校（院）长论坛

全国建筑类高校书记、校（院）长论坛始于 2005 年，当时正值我国高等教育事业、建设事业实现跨越式发展之际，建筑类高校在自身改革发展过程中，面临着许多新机遇、新挑战，有一系列亟待解决的难点和热点问题，急需院校领导共同切磋和探讨。在此背景下，沈阳建筑大学、北京建筑工程学院、山东建筑大学等几所院校联合倡议由中国建设教育协会牵头举办高层次论坛。该倡议很快得到全国各建筑类高校的积极响应和支持，并于 2005 年 6 月在沈阳建筑大学成功举办了首届全国建筑类高校书记、院（校）长论坛。之后，论坛由协会会员单位中的建筑类高校轮流承办，至今已连续成功举办了 17 届。历届论坛概况见表 3-1。

历届全国建筑类高校书记、校（院）长论坛概况　　表3-1

届数	论坛主题	时间	承办院校
1	科学发展观、城市化进程、高校的办学特色	2005年6月18~19日	沈阳建筑大学
2	建设行业可持续发展与建设高等教育	2006年9月27~28日	山东建筑大学
3	面向21世纪，在现代大学制度下如何全面提升建设类高校为行业服务的竞争力	2007年10月12~13日	北京建筑工程学院
4	全面实施本科教育（质量工程），积极推进建筑类高校科学发展	2008年7月28日~8月1日	安徽建筑工业学院
5	科学发展与特色创新	2009年8月20~23日	吉林建筑工程学院
6	落实《国家中长期教育改革和发展规划纲要》，推进“十二五”期间建筑类高校科学发展	2010年8月2~5日	河北建筑工程学院
7	以全面提升办学质量为核心，努力实现“十二五”期间建设类高校发展规划	2011年10月27~30日	湖南城市学院
8	文化引领、创新发展、提升内涵	2012年8月7~8日	青岛理工大学
9	提升文化内涵，促进科学发展	2013年10月12~13日	河南城建学院
10	推进建筑类高校治理能力现代化	2014年9月3~5日	天津城建大学
11	新常态下高等建筑教育发展	2015年10月26~27日	苏州科技学院
12	五大发展理念下建筑类高校的改革与创新	2016年12月22日	西安建筑科技大学
13	认真学习宣传贯彻党的十九大精神，加快推进建筑类高校双一流建设	2017年11月3日	山东建筑大学
14	新时代、新工科、新发展——建筑类高校内涵建设与发展	2018年9月21日	沈阳建筑大学
15	《中国教育现代化2035》及“一带一路”倡议下建筑类高校深化综合改革与高质量人才培养	2019年6月14日	福建工程学院
16	建筑类高校持续提升育人水平的研究与实践	2020年8月29日	安徽建筑大学
17	新时代建筑类高校教育改革与创新	2022年8月18日	吉林建筑大学

历届论坛主题紧紧围绕高校实际，结合建设教育领域热点问题展开研讨，得到了建筑类高校的积极响应和大力支持。住房和城乡建设部领导给予了高度关注，傅雯娟、黄卫、齐骥三位副部长分别出席了第一、二、三届论坛，并作了精彩演讲；副部长王宁为第十届论坛发来贺信。教育部高等教育司、住房和城乡建设部人事司、教育部在线教育研究中心、中国建筑工业出版社、中国建设报等单位领导，以及行业内的院士、知名专家出席论坛致辞和演讲，

提升了论坛对建筑类高校建设和发展的指导作用。2018 年举办的第十四届全国建筑类高校书记、校（院）长论坛，来自英国、德国、罗马尼亚 3 国高校的校（院）长出席会议，实现了以论坛平台为载体的中外校际交流。

3.4.2　中国高等建筑教育高峰论坛

2014 年 7 月 16~18 日，首届中国高等建筑教育高峰论坛在北京举办。住房和城乡建设部副部长王宁、教育部高等教育司司长张大良等领导出席了大会。论坛围绕“建设领域土建类专业卓越工程师教育”的主题，就建立校企联合育人机制、打造创新型工程人才培养平台、推动“卓越计划”深入实施等话题进行深入探讨。会上成立了中国建设领域卓越工程师联盟。

从 2015 年开始，中国高等建筑教育高峰论坛与全国建筑类高校书记、校（院）长论坛同期举行，截至 2022 年已成功举办了 8 届。

3.4.3　全国建设类高职院校书记、院长论坛

2009 年，为深入学习实践科学发展观，提高建设类高职院校的人才培养质量，探讨高职院校发展中的“热点”和“难点”问题，协会在成功举办全国建筑类高等院校书记、校（院）长论坛的基础上，举办了全国建设类高职院校书记、院长论坛。自首届论坛在黑龙江哈尔滨成功举办以来，之后在协会会员单位中的建设类高职院校间轮流承办，至今已成功举办了 12 届。历届论坛概况见表 3-2。

历届全国建设类高职院校书记、院长论坛　　　　**表3-2**

届数	论坛主题	时间	承办院校
1	高职教育、改革创新、科学发展	2009 年 8 月 26~29 日	黑龙江建筑职业技术学院
2	高职教育、改革创新、科学发展	2010 年 7 月 26~29 日	内蒙古建筑职业技术学院
3	改革、开发、创新、发展	2011 年 11 月 4~6 日	浙江建设职业技术学院
4	建筑业产业升级与土建高职教育使命	2012 年 9 月 18~21 日	四川建筑职业技术学院
5	加快发展现代职业教育	2013 年 7 月 15~17 日	天津国土资源和房屋职业学院

续表

届数	论坛主题	时间	承办院校
6	加快发展现代职业教育	2014 年 8 月 15~16 日	山西建筑职业技术学院
7	改革、实践、创新、创业	2015 年 8 月 20~21 日	常州工程职业技术学院 江苏城乡建设职业学院
8	内涵建设、改革创新	2016 年 7 月 23~24 日	江苏建筑职业技术学院
9	立德树人，争创一流	2017 年 7 月 22~23 日	广西建设职业技术学院
10	融合、转型、创新、发展	2018 年 8 月 19~21 日	山东城市建设职业学院
11	建设、改革、创新、发展	2019 年 7 月 24~25 日	青海建筑职业技术学院
12	新时代、新基建、新要求、新发展	2020 年 10 月 24 日	宁夏建设职业技术学院

论坛将当前党和国家的主要政策融入其中，并结合建设类高职院校改革发展中共同关注的热点问题设计主题和分题，不断涌现出新选题、新亮点。出席论坛的各院校也都能紧密地结合本校的实际，把学校最具特色、最有思想的改革实践经验拿到论坛上交流，并对当前建设领域高等职业教育的热点和难点问题进行探讨。论坛通过 12 届的积累，在实践中不断地发展，如今的论坛真正成为建设类高职院校重要的合作交流平台。

3.4.4 全国建设类中职学校书记、校长论坛

全国建设类中职学校书记、校长论坛始于 2018 年。论坛借鉴协会高校、高职论坛的成熟模式，根据中等职业教育的特点，以经验交流与学术交流相结合的形式，将当前党和国家主要政策与行业热点、难点问题融入论坛主题，按照主管部门的要求，围绕中心工作开展研究与探讨。目前，论坛已成功举办了 2 届。

2018 年 11 月 6~9 日，首届全国建设类中职学校书记、校长论坛在广西桂林举办，论坛主题为“职业教育内涵发展与质量提升”。

2019 年 12 月 25~27 日，第二届全国建设类中职学校书记、校长论坛在湖南长沙举办，论坛主题为“围绕‘三教’改革，提升人才培养质量”。

3.4.5 全国建设类技工院校院（校）长、书记论坛

全国建设类技工院校院（校）长、书记论坛始于 2019 年，论坛把国家的需要和社会责任放在第一位，共谋建设技工教育改革大计，共商发展大事，对于促进建设技工教育事业持续健康发展具有重要意义。目前，论坛已成功举办了 2 届。

2019 年 12 月 7~9 日，首届全国建设类技工院校院（校）长、书记论坛在安徽合肥举办，论坛主题为“建设类技工学校的发展机遇和挑战”。

2020 年 12 月 24~26 日，第二届全国建设类技工院校院（校）长、书记论坛在湖南长沙举办，论坛主题为“建设类技工教育自身发展”。

3.4.6 全国建筑信息化教育论坛

为贯彻落实住房和城乡建设部《关于推进建筑信息模型应用的指导意见》的相关要求，发挥行业协会组织优势，推动企业、院校、科研机构建筑信息化及产业化人才培养，协会发起成立了全国建筑信息化教育论坛。

2016 年 10 月 29 日，全国建筑信息化教育论坛成立大会在北京举行，会议明确了论坛是由从事建筑信息化工作的企事业单位、院校、学会及所属的专业委员会等自愿组成的，以组织的发展需求和各方的共同利益为基础，以引领和推动全国 BIM 技术人才培养为目标的全国教育技术创新合作组织。论坛成立后在重庆大学、西安建筑科技大学等高校共开展了 13 站巡讲，为推动建筑信息化人才培养工作开展做出了努力。依托论坛，协会还组织出版了《高校 BIM 课程设置及实验室建设导则》，为国内高等院校 BIM 课程体系的设置以及 BIM 实验室的建设提供方向性的引导。

2018 年 3 月 17 日，第二届全国建筑信息化教育论坛在上海成功举办，论坛围绕“整合、创新、跨界、共享”的主题，以“BIM 和装配建造”为讨论切入点，聚焦行业现状与发展趋势，分析阐述了新时代建筑业改革发展主线，深入讨论了有关智能建造的范式特征，共同探究了新时代背景下的人才培养路径，着力从企业与院校的双角度回答在信息化与产业化双进程的历史背景

下如何构筑建筑业转型升级新模型的问题。

3.4.7 建设行业文化论坛

建设行业文化论坛始于2019年，其举办的主要目的是传承优秀建筑文化，弘扬大国工匠精神，传播建设行业校园文化和企业文化，提升建设教育行业的文化软实力和品牌力。自首届论坛在河南平顶山成功举办以来，已连续举办了3届。历届论坛概况见表3-3。

历届建设行业文化论坛概况 表3-3

届数	论坛主题	时间	承办院校
1	传承、创新、发展	2019年5月11~12日	河南城建学院
2	传承、创新、发展（传承古典、开创未来；汉文化及其建筑理念；建筑企业文化及人才培养）	2020年10月30日~11月1日	徐州工程学院 徐州市住房和城乡建设局 江苏省建设教育协会
3	颂百年辉煌，强文化自信	2021年10月20~23日	四川建筑职业技术学院 四川省建设人才开发促进会

在历届建设行业文化论坛上，与会专家及代表围绕论坛主题展开广泛而深入的研讨和交流，各会员单位展示的建设行业优秀文化成果充分体现了传统文化与时代精神的有机结合，反映了新时代建设行业文化研究的时代特征和价值取向。论坛对于丰富和完善建设行业文化工作内涵，弘扬和传播建设教育优秀文化，助推建设教育事业健康发展具有重要意义。

3.4.8 智能建造学科建设与工程实践发展论坛

为助力建筑行业转型发展，促进智能建造学科建设，中国建设教育协会与住房和城乡建设部新型建筑工业化集成建造工程技术研究中心联合打造智能建造学科建设校企合作平台，举办智能建造学科建设与工程实践发展论坛。目前，论坛已成功举办了两届。

2020 年 11 月 11 日，首届智能建造学科建设与工程实践发展论坛在北京举办。论坛以“智能建造、校企合作”为主题，突出高校人才培养与企业工程实践深度融合，邀请中国工程院院士丁烈云等权威专家围绕智能建造前沿技术、产业应用、人才培养等开展交流研讨。

2021 年 5 月，第二届智能建造学科建设与工程实践发展论坛在北京举办。论坛以“智能建造、智见未来”为主题，突出高校人才培养与企业工程实践深度融合，邀请中国工程院院士聂建国等智能建造领域的权威专家，围绕智能建造前沿技术、人才培养、工程实践等热点话题进行了深入交流研讨。

除了举办系列论坛，协会还紧密结合建设教育事业发展趋势和会员单位需求，举办了一系列研讨会。例如，2018 年依托协会院校德育工作委员会举办了“改革开放与中国特色社会主义建设教育”理论研讨会，围绕“改革开放 40 年来中国建设教育改革发展的成就与经验”主题展开交流研讨，吸引了来自全国建筑类院校的 100 余名专家学者参会；自 2018 年起，房地产专业委员会连续四年举办中国房地产校企协同育人创新峰会，围绕房地产行业校企协同、产教融合展开研讨；2019 年，在《国家职业教育改革实施方案》出台后，协会举办了《国家职业教育改革实施方案》解读和“1+X”证书制度等职业教育热点问题研讨会；2021 年，依托校企合作工作委员会举办了“智能建造、绿色建造”研讨会，探讨建筑业发展新方向，助力行业向现代化转型升级。

3.5　期刊及其他出版物

3.5.1《高等建筑教育》

《高等建筑教育》是由中国建设教育协会主管、重庆大学主办，面向全国公开发行的建筑教育类学术刊物（国际标准连续出版物号：ISSN1005—2909，国内统一连续出版物号：CN50-1025/G4）。

1985 年，经城乡建设环境保护部批准，《高等建筑教育》由城乡建设环境保护部系统高等学校教育研究协作组主办，属于内部发行的教育研究学术性刊物。1992 年，经国家新闻出版署批准，《高等建筑教育》正式公开发行，主管单位为建设部，主办单位为重庆建筑工程学院。1994 年，为进一步办好刊物，将中国建设教育协会增加为主办单位。2000 年，因重庆大学、重庆建筑大学、重庆建筑专科学校三校合并等原因，经国家新闻出版署批准，主管、主办单位变更为中国建设教育协会、重庆大学。2006 年，经国家新闻出版署调整，主管单位为中国建设教育协会，主办单位为重庆大学。

《高等建筑教育》的创办顺应了自然科学与社会科学融合的趋势，它以人文的目光广泛、深入地关心和研究建筑教育，注重软科学与硬技术结合，学术性与应用性并重，政策性与经验性兼顾，既是高等建筑教育理论研究的学术平台，又是专业教育、职业教育的人才培养园地。《高等建筑教育》创办三十多年来，始终认真、全面且系统地研究和总结高等建筑教育的科学理论与实践经验，推动了高校建筑教育教学思想观念的转变，用教育科学理论指导教育改革与实践，对高校建筑教育教学质量的提高起到了促进作用，受到期刊界和学术界的广泛肯定。

《高等建筑教育》主要刊登“建筑文化”和“教育教学”类研究论文，其基本任务是研究与探索具有中国特色的高等建筑教育的基本理论与基本规律，发表高等教育研究成果，反映和交流教育改革的新情况、新问题、新观点、新经验，介绍国内外高等教育情况和专业教学、科研、生产动态，进而促进高等建筑教育理论研究与实践不断深入发展。《高等建筑教育》在突出办刊特色和社会效益的基础上，刊发了大量优质的建筑教育研究文章，对提高刊物学术质量、提高建筑教育质量具有重要意义。刊物曾获建设部优秀期刊、重庆市优秀期刊称号，为重庆市一级期刊、RCCSE 中国核心（扩展版）学术期刊、全国报刊索引核心期刊，并被中国学术期刊综合评价数据库、中国期刊网、万方数据－数字化期刊群、中国核心期刊（遴选）数据库等全文收录。

3.5.2 《中国建设教育》

《中国建设教育》前身是建设部干部学院和中国建设教育协会合办的内部性资料出版物《建设职工教育》。2001 年经建设部办公厅和北京市新闻出版管理局批准，《建设职工教育》更名为《中国建设教育》，同时改由中国建设教育协会主办，并于 2002 年 3 月正式出版发行。建设部副部长傅雯娟为《中国建设教育》的创办写了“新刊寄语”。

《中国建设教育》创办之初，明确要宣传党和国家的教育方针政策，宣传国家建设事业和建设教育改革与发展的方针政策和任务，宣传各级各类建设教育改革与发展的理论建树，总结实践经验，为广大会员单位服务，为建设教育主管部门服务，为建设行业服务，为提高建设职工队伍素质服务。《中国建设教育》受到了会员单位和读者的欢迎和支持，认为它的出版是建设教育领域的一件大事。许多建设教育工作者寄来了稿件，不少专家学者应约认真撰稿，保证了《中国建设教育》的稿源质量。

《中国建设教育》在 20 年的发展历程中，紧紧跟随建设事业及教育事业的发展变化，及时调整定位和栏目设置。在创刊之初，设有建设事业与行业建设、教育领导论坛、教育思想和观念的改革、企业教育与培训、教育体制与教学改革、人物专访、国外建设教育、建设文化、地方协会园地、讨论与建议、重要信息等综合性较强的栏目。2013 年下半年，为更好地展示会员单位工作成果，《中国建设教育》陆续增加了聚焦协会、精英荟萃、文化长廊、艺苑放歌、企业教育等栏目。之后，围绕行业热点，结合协会业务布局，整合专栏类型和栏目内容，开设了 BIM 探讨与应用、高校论坛、高职论坛、中职论坛、技工论坛等专栏，增设了课程思政、专家推介、竞赛与教学、创新创业、一家之言等栏目。2019 年，为庆祝中华人民共和国成立 70 周年，开设了“热烈庆祝中华人民共和国成立 70 周年”栏目。2020 年初，新冠肺炎疫情暴发以来，又增设了“疫情下的教学研究与实践”栏目，展现了特殊时期的教育教学成果。为了保障《中国建设教育》健康持续发展，协会不断进行规范化建设，设立了《中国建设教育》编辑委员会，建立了通信员队伍，同时还先后制定和修订了《〈中国建设教育〉管理办法》《〈中国建设教育〉稿费、劳务费管理办法》等系列管理制度。

3.5.3 《建设技工教育》

《建设技工教育》是由中国建设教育协会技工教育工作委员会经办的内部性资料出版物（准印号：浙内准字第 0469 号），其发放对象为会员单位。

《建设技工教育》前身是 1987 年 12 月创办的《建安技校通讯》，1989 年 7 月，《建安技校通讯》更名为《建安技校报》。1994 年 1 月起《建安技校报》更名为《建设技校报》，建设部常务副部长叶如棠为报刊题字“办好技工学校，是提高建筑业队伍素质的重要环节”。2017 年，根据内部性资料出版物管理要求，《建设技校报》更为现名，即《建设技工教育》。

《建设技工教育》自创办以来，始终坚持宣传党和国家有关教育方针、政策，交流建设类技校办学及改革的新思路、新动作，展现教师工作中的优秀做法和工作体会，反映技校学生学习与生活情况，坚持为协会技工教育工作委员会会员单位服务，不仅通过头版新闻报道各院校的发展动态，宣传和分享了建设技工教育教学成果，而且加强了建设类技工院校间的联系，使其互相协作、交流经验，推动了各院校的教育研究工作开展，也促进了建设类技工教育工作的建设。

3.5.4 《部属建筑类高校发展与变迁》

中华人民共和国成立后，为加快培养建设行业所需专业人才，从 1954 年开始，国家建设行政主管部门开始承担高等学校管理职能。截至 2000 年我国高校管理体制改革前，建设部在不同时期陆续建立和管理了包括重庆建筑大学、哈尔滨建筑大学、沈阳建筑工程学院、西北建筑工程学院、南京建筑工程学院、武汉城市建设学院、苏州城市建设环境保护学院等七所建筑类高等学校。据不完全统计，七所高校在住房和城乡建设部管理期间累计培养 20 余万专门人才，为建设行业发展和国家基础设施建设提供了人才保障。七所院校的毕业生在不同的岗位为我国基建事业作出了重要贡献，完成了许多高难度、复杂的大型工程，使“中国建造”享誉世界。进入新世纪，经过 20 多年的发展，在新的管理体制下，原部属高校开启了新的发展阶段，均取得了较大发展。记录下原部属建筑类高校发展与变迁历史，给后人以启迪和借鉴，具有重要意义。恰逢 2021 年是中国共产党成立 100 周年，全国都在开展党史学习教育，从学习党史中悟思想、办实事、开新局。住房和城乡建设部原副部长齐骥和几位相关老同志商议，作为那段历史的亲历者，应当记录下建设部管理七所学校期间的办学历史，总结办学经验，为后续提供借鉴和启发。倡议得到相关学校前任和现任领导的积极响应和大力支持。为此，中国建设教育协会和中国建筑工业出版社组织成立了部属建筑类高校发展与变迁编写委员会，邀请住房和城乡建设部原副部长毛如柏、郑一军、齐骥同志担任顾问，中国建设教育协会理事长刘杰担任主任，副主任及委员会成员由相关学校、部人事司老领导、协会和出版社相关人员组成，并专门成立编写秘书处，负责日常协调工作。

为推动本书编写工作，编委会先后召开四次会议，并得到了各承办院校领导的高度重视和相关职能部门的大力支持。2020 年 10 月，第一次编审工作会议在沈阳建筑大学召开，会议确定了编写原则和编写大纲，由此拉开了编写序幕。会上，齐骥、刘杰、李竹成等领导莅临指导，沈阳建筑大学原党委书记吴玉厚、原校长石铁矛、党委书记董玉宽、校长阎卫东、副校长张珂等领导出席。2021 年 4 月，第二次编审工作会议在南京工业大学召开，会议讨论了部分学校的初稿，南京工业大学党委书记芮鸿岩、校长乔旭，原南京建筑工程学院党委书记马天、南京工业大学原副校长孙伟民等出席会议。2021 年 7 月，第三次编审工作会议在黑龙江建筑职业技术学院召开，哈尔滨工业大学协办。哈尔滨建筑大学原党委书记孙和义、原校长景瑞，哈尔滨工业大学校长助理范峰，黑龙江建筑职业技术学院党委书记景海河、院长王力等出席会议。会议对各个学校的初稿进行了深度讨论，并提出修改意见。2021 年 10 月，第四次编审工作会议在重庆大学召开，重庆大学党委书记舒立春、原党委书记祝家麟、原党委副书记肖铁岩等领导出席会议。会议对各单位定稿进行了讨论并形成最终修改意见。

全书的编写原则是尊重历史、以史为准，力求客观地记述历史事件和发展历程。全书记载了从学校成立到高校管理体制改革脱钩（2000 年）这段时期归属建设部管理的七所高校的发展与变迁。全书按照各学校归属建设部管理并设立本科专业的时间先后排序。第 1 章介绍了国家建设主管部门管理高等学校工作的历史沿革。第 2~8 章分别介绍了重庆建筑大学、哈尔滨建筑大学、沈阳建筑工程学院、西北建筑工程学院、南京建筑工程学院、武汉城市建设学院、苏州城市建设环境保护学院的发展与变迁。各校按照历史沿革、人才培养、科学研究、合作交流、教师风采、附录（二维码资源）等展开叙述。本书中还收录了珍贵的历史照片，包括部领导视察、学校更名庆典、学校老楼、校庆、校门、校徽、校训等内容。住房和城乡建设部原副部长叶如棠应邀题写了书名。住房和城乡建设部原副部长毛如柏应邀作序。

全书已于 2021 年 12 月完成出版。2022 年 7 月在北京召开了《部属建筑类高校发展与变迁》图书首发式暨座谈会，住房和城乡建设部原副部长叶如棠、毛如柏、齐骥，住房和城乡建设部人事司副司长陈中博、二级巡视员何志方，中国建设教育协会理事长刘杰、副理事长兼秘书长崔征，中国建筑工业出版社总经理咸大庆、原社长沈元勤，建设部主管七所高校老领导、现任领导等出席会议。

3.5.5 《发展中的建设类高等职业院校》

为回顾全国建设类高职院校发展历程，总结院校办学经验，展示院校改革发展和建设成就，挖掘办学精神，启迪后人、鼓舞干劲，进一步提升建设类高职院校办学水平和行业服务能力，中国建设教育协会与中国建筑工业出版社联合组织编写《发展中的建设类高等职业院校》。

2022 年 7 月，《发展中的建设类高等职业院校》编写工作会议在北京召开，住房和城乡建设部原副部长齐骥、中国建设教育协会理事长刘杰、副理事长王凤君、副理事长代秘书长崔征，中国建筑工业出版社原社长沈元勤、教材分社社长高延伟以及全国 25 所建设类高职院校相关负责人参加了会议。与会人员充分肯定《发展中的建设类高等职业院校》的编写价值与意义，并对编写方案和大纲进行了充分的讨论，明确了编写内容及分工。

全书主要包含国家建设行政主管部门对职业教育管理的历史沿革和 25 所建设类高等职业院校发展与变迁 2 个部分。根据编写工作进度安排，本书计划于 2023 年出版。

第 4 章

培训工作

4.1 拓展培训服务领域

围绕国家重大战略，紧密对接产业升级和技术变革趋势，服务职业教育，努力提高培训质量，提高业内的认可度，一直是协会遵循的培训工作原则。协会高度重视培训工作，着眼培训工作长远，推动培训管理工作更加规范，培训质量得到了极大提高，形成了协会培训中心、分支机构、地方建设教育协会和社会培训机构互利共赢的局面。脱钩后，协会业务布局持续优化，运营能力有效提升。新冠疫情暴发以来，协会培训工作积极克服困难，社会效益逆势上扬，防范和抵御风险的能力不断增强。

4.1.1 培训业务向建筑全生命周期拓展

在协会发展的前 20 年中，培训主要基于住房和城乡建设部业务主管范围内的人才培养工作，开展了大量建筑施工企业项目经理、施工现场专业技术管理人员和监理工程师的培训。随着协会不断发展，培训工作的服务范围逐步延伸到建筑全生命周期，涉及规划、设计、施工和运营各个阶段，内容包括新政策、新法规、新标准、新技术、新工艺、典型案例解析，成果经验分享等。在此过程中，协会与住房和城乡建设领域内的很多行业组织和企事业单位开展了合作，其中包括：

1. 在住房和城乡建设部的指导下与中国建筑业协会合作开展一级建造师继续教育培训。在该项培训工作中，除规定的教学内容外，协会还特别邀请业内知名专家讲解了大量行业的新技术应用及工程实践案例，受到了北京市、安徽省等多地住房和城乡建设行政主管部门的好评。

2. 与中国建设监理协会合作开展监理工程技术人员培训项目，填补了多地建设监理行业基层专业技术人员培训工作的空白，为工程监理行业人才培养作出了一定贡献。

3. 与中国建筑业协会合作开展绿色施工项目经理培训项目，引领了行业绿色施工人才培养方向，为后续各地开展绿色施工人员培训工作奠定了坚实的基础。

4. 与中国建筑装饰协会合作开发装饰领域施工现场专业技术管理人员培训项目，具有一定的创新性。

5. 与中国房地产业协会合作开展房地产专业案例教学培训项目，在联合办赛、以赛促训等方面进行了探索，积累了案例教学经验。

6. 与中国燃气协会合作举办燃气安全管理人员培训项目，完善了大建设领域内细分行业的培训内容。

7. 与中国建筑科学研究院有限公司合作开展的建筑工程检测系列培训，探索了产教研多方位合作模式。

同时，协会培训人员范围由企业中高层专业技术管理人员，拓展到企业发展过程中所需各层次人才；由在职人员，拓展到技工院校、职业院校、本科院校等在校生，建立了全方位均衡的职业培训体系。

4.1.2　建立跨行业人才培养体系

自 2013 年起，协会明确了培训工作向更高层次发展的目标，要求通过不断加强外部合作，扩展培训服务范围，建立广泛合作关系，构建服务行业发展的新型培训体系。近年来，协会与其他部委主管的行业组织、事业单位等建立了比较紧密的合作关系，开展了不少合作项目，比较有代表性的有：

1. 为培养建设工程环境监理领域专业人才，建设一支专业化的环境监理队伍，促进我国工程环境治理监督工作的开展，协会与生态环境部下属中国环境科学学会合作开展针对建设工程项目环境保护与治理监督人员（环境监理工程师）的培训项目。

2. 为推进建设类职业院校课程建设，加强信息化技术在行业教育中的应用，协会与教育部下属的学校规划发展中心合作开展了建筑工程及相关专业课程改革和新型技术在教学中应用的合作项目。

3. 为提高从业人员的技能水平，培养具有良好的职业道德和诚信品质的数字化工程算量技能人才，结合数字化技术在工程算量领域的应用，协会与人力资源和社会保障部教育培训中心合作在全国范围内开展了数字化工程算量职业培训等项目。

4.1.3 服务各层级从业人员

加强技能人才培养是实现稳就业、服务实体经济高质量发展的重要举措。党的十八大以来，习近平总书记就加强技能人才培养工作发表了系列重要讲话。协会为了认真贯彻国家关于技能人才培养的要求，满足行业和培训工作发展需求，逐步拓展培训服务范围，由主要服务企业的中高层管理人员，如总工程师、专业技术负责人、施工现场专业技术人员，拓展到了一线操作人员，如建筑工程检测技术人员、白蚁防治专业技术人员、建设机械各类操作人员等。协会新开发的培训项目中，部分项目需要大量的实际操作训练，为提升培训质量，协会培训中心联合分支机构与各地方企事业单位，建立了分布于全国各地主要省会级城市的实验实训基地，为职业技能培训奠定了基础。比较典型的案例有，协会与广东建源检测科技有限公司合作建立了建筑工程检测系列培训实训基地。

4.1.4 广泛建立培训网络

协会培训工作在发展过程中，不断寻求与地方政府、行业组织、特色企业等机构的合作空间。经过十余年的努力，基本形成了覆盖全国的行业教育培训网络，可以提供各类标准培训、定制化培训等服务。与协会合作开展培训的单位有：安徽省住房和城乡建设厅、北京市建设教育协会、河南省建设教育协会、山西省建设教育协会、陕西省建设教育协会、北京市建筑业联合会、江苏省建设教育协会、四川省建筑业协会、四川省市容市政协会、浙江省建设人力资源管理协会、浙江省建筑业协会、浙江省勘察设计行业协会、浙江省钢结构协会、中国有害生物防制协会、福建省有害生物防制协会、广东省计量协会、中国建筑科学研究院有限公司、中国建筑学会施工与建材分会防水技术专业委员会、青岛市防水保温行业协会、广州市防水保温行业协会、中国土木学会工程质量分会、中国老教授协会、中国建筑技术集团、中国建筑业协会绿色建造分会、广东省工程质监站、北京交通大学土木工程学院、同济大学土木工程学院等机构和院校。

特色合作项目有：

1. 为贯彻落实国务院《“十二五”节能减排综合性工作方案》，更好地执行住房和城乡建设部颁发的《建筑工程绿色施工规范》，推进四川省绿色施工进程，提高当地工程技术人员管理水平，与四川省建筑业协会合作举办了“绿色施工负责人培训”项目。

2. 为帮助当地企业专业技术人员全面系统地学习、掌握最新《土工试验标准》的主要技术内容，促进工程勘察土工试验、原位测试行业规范化、精细化发展，提升相关技术人员的专业能力，与浙江省勘察设计行业协会合作举办了新标准宣贯培训班。

3. 为落实住房和城乡建设部注册执业人员培训要求，完善当地建设人才培养体系，与安徽省住房和城乡建设厅合作举办了一级、二级注册建造师继续教育培训及相关知识讲座。

4. 为使建筑工程白蚁防治技术人员和管理人员全面系统地学习掌握建筑工程白蚁防治技术和新标准，加强各单位之间相互学习与交流，培养高水平、高素质的建筑白蚁防治专业技术人才和管理人才，与广东省白蚁防治协会、广州市白蚁防治行业协会、广东佛山有害生物防治协会、海南省白蚁防治协会、湖北省麻城白蚁防治所、大连白蚁防治所等组织或机构合作开展了建筑工程白蚁防治技术培训项目。

5. 为提高行业从业人员信息化水平，特别是信息化识图制图水平，与国内具有独立知识产权的企业中望龙腾软件股份有限公司合作开发、实施了“建筑 CAD 设计培训项目”等。

4.1.5　扩大服务范围

在拓展培训业务的同时，协会注重建设行业人才储备，逐步扩大服务范围。

1. 向职业院校提供政策宣贯培训服务。协会聚焦提高建设类专业在校学生工程实践能力水平，面向职业院校开展了多次多层级的培训。比较有代表性的有，2019 年 6 月成功主办了《国家职业教育改革实施方案》文件解读和“1+X”证书制度等职业教育热点问题研讨会。来自全国职业院校的领导和教师、建筑企业技术人员、省市建设教育协会领导和新闻工作者等 160 余人参加了会议。研讨会为建设类职业院校领导和教师及时领会国家职业教育改革政策精神，明确职业教育发展方向，抢抓机遇，推进职业教育现代化搭建了良好平台，得到与会者的高度认可。

2. 深入调研、推广职业教育改革经验。为推动建设职业教育改革进程，协会组织专人多次调研全国各地建设职业教育改革情况，总结经验加以推广。例如，到广西建设职业技术学院调研建设职业教育实操实训设备配备以及建筑工业化装配式建筑的预制、运输、施工各环节教学；到浙江金华职业技术学院调研学生创新创业就业研究与指导经验等。

3. 开设针对性的培训项目。随着我国经济的迅速发展和新型城镇化建设进程的不断推进，社会对建设行业的人才提出了多层次、多方面的要求。2012 年，协会与天津高等教育自学考试委员会合作，以行业证书考试项目为基础，以证书考试课程为专业核心课，和自学考试工程管理专业相衔接，这种“双证书”教育的改革模式得到相关院校的关注。从 2014 年开始，协会在全国开展住房和城乡建设领域职业能力证书考试工作，并为此成立“职业能力证书项目管理办公室”，负责证书考试项目的推广及有关认证考试组织工作。2016~2020 年，职业能力培训项目取得阶段性成绩，考生人数有了大幅度提升，服务范围拓展到北京、西安和深圳等地，年均考生 2 万余人。协会组织专家和工作人员在考试出题、试卷印刷、阅卷、成绩录入、登记入册等方面做了大量工作。

4.1.6 组织开展住房和城乡建设领域专业技能培训考试

为推进住房和城乡建设领域信息化进程，推动 BIM 技术在国内的深化应用，加快 BIM 技术人才培养，协会自 2013 年起联合中国建筑集团有限公司、同济大学、重庆大学、上海宝业集团、中国建筑科学研究院有限公司等单位共同成立全国建筑信息模型人才培养协作组，组织专家研讨编写了《全国 BIM 应用技能考评大纲》（暂行）及相关教材，建立了全国 BIM 人才培训机制。在部分地方建设教育协会（学会）的配合支持下，协同开展了“住房和城乡建设领域 BIM 应用专业技能培训考试（原'全国 BIM 应用技能考评'）"工作，得到了行业企业、院校的好评与认可。

在管理架构上，设立省级培训管理中心，各省管中心负责管理本省的培训申报、培训人员资料审核以及培训组织管理等工作。目前在全国已设 28 家培训管理中心，387 家培训考试点。

在制度建设上，对专家委员会、培训工作、培训管理中心以及培训点等均制订了具有针对性的管理办法，明确各方权责，确保培训工作的顺利进行。

在培训模式上，针对培训开发定制平台，满足工作需要，保证培训质量。通过系列措施，确保数据安全，并做到数据动态可查。

自 2018 年起，将"全国 BIM 应用技能考评"更名为"住房和城乡建设领域 BIM 应用专业技能培训考试"。按照考试大纲相关规定，BIM 考试分为三级，分别为：一级 BIM 建模、二级 BIM 专业应用和三级 BIM 综合应用。截至 2021 年底，共计 9 万余人次报名考试。

2021 年底在 BIM 应用技能证书的基础上，协会拓展了多种类型的应用技能证书，包括装配式建筑、绿色建筑、智能楼宇、智能建筑、全过程工程咨询、智能建造、钢筋平法等。

4.2　完善职业教育培训体系

4.2.1　持续开展传统培训项目

多年来，协会培训工作持续健康发展，在积极探索开发新领域和新项目的同时，传统培训项目也在稳步持续开展。

1. 注册执业资格人员培训。协会持续对注册岩土工程师、注册建筑师、注册监理工程师等各类注册职业资格考前培训和继续教育工作保持较高关注度。

2. 施工现场专业技术人员培训。协会自 2008 年以来，在住房和城乡建设部指导下开展了施工现场专业技术人员的培训工作。目前培训已由建筑施工领域的 8 个专业扩展到了建筑施工、装饰工程、市政工程、电气工程等领域的 30 余个专业，该项目已成为协会的品牌培训项目。

3. 监理工程专业技术人员培训。协会是住房和城乡建设部最早一批授权开展监理工程师（原名称）的定点培训单位，在多年的工作中，为学员和各监理企业提供了优质的教育培训服务。该培训获得了市场的广泛认可，在监理人员就业、企业用工、招标投标、资质检查等诸多工作中发挥了重要作用。

4.2.2 开发市场需求新项目

随着国家对于建筑工程规划、设计、施工、运营等各阶段的管理规定逐步细化和行业新技术的不断产生，传统培训项目已经难以满足行业对于人才的需求。协会紧跟市场需求，投入了大量人力、物力研发新项目，填补市场空白，相关培训结业证明已经成为从业者的工作凭证或建设行政主管部门考核企业资质的重要参考依据之一。目前协会在建筑施工领域内的培训项目由 2012 年的不到 10 个，增加到覆盖规划、设计、施工、运营阶段，甚至包括后建筑生命周期拆除阶段的 40 余个。特色项目包括：

1. 建筑工程检测系列专业技术培训项目。由于建筑工程破坏性变形危害巨大，变形监测的作用逐步被了解和重视，在建筑立法方面被赋予一定的地位，住房和城乡建设部也先后颁布了多项规范。建筑变形监测涉及地质、设计、施工、仪器、监测技术和理论分析等多个专业知识领域。随着建筑变形监测人员队伍扩大，新标准、新技术不断更新，急需培养一批高水平、高素质的建筑工程变形监测专业人才。为此，协会根据行业发展需求，设立“建筑工程变形监测职业培训项目”，邀请国内知名专家和一线工程技术人员结合典型工程案例进行分析讲解。由于该项目取得了较好的市场反响，协会后续开发设立了“钢结构检测专业技术培训”“混凝土检测专业技术培训”等建筑工程检测专业技术系列培训项目，满足了检测领域发展对人才的需求，获得了较好的口碑和市场反馈。

2. 实名制管理员职业培训项目。为贯彻《建筑工人实名制管理办法（试行）》的要求，使广大建筑施工企业项目管理人员、现场人力资源管理人员等熟悉国家相关劳动法规、劳务合同管理、实名管理制度内容，掌握住房和城乡建设部上线的全国建筑工人管理服务信息平台数据标准，熟练操作数据表格的准确填写等，协会组织具有实名制管理经验的专业人士，编写了系统的实名制管理培训教材。内容包括：相关法律法规、建筑工人实名制概念与相关法规、已经实行实名制管理的地方规定；《保障农民工工资支付条例》、劳务企业资格审查及分包合同管理、劳务分包企业资质的规定等。开展规范化的实名制管理人员培训，可使建筑施工企业、有关单位系统地掌握相关法律法规，按照实名制管理制度规范劳务企业资格审查及分包合同管理，规范管理劳务合同，依法保护农民工权益。本着服务政府、服务行业的原则，协会开展了施工总承包企业、专业分包企业、劳务分包企业实名制管理员职业培训项目。

3. 建筑工程白蚁防治技术职业培训项目。根据住房和城乡建设部《城市房屋白蚁防治管理规定》的要求，各地应强制执行"凡白蚁危害地区的新建、翻建、扩建房屋，必须实施白蚁预防处理"的规定。协会开展了建筑工程白蚁防治技术职业培训项目。主要培训内容包括：白蚁防治的最新政策法规、白蚁生物学、白蚁防治药剂学、药剂选择与配制和商品检验、白蚁防治施工技术规程原理、建筑结构和构造、白蚁防治工程施工组织设计、案例教学和疑难技术解答及学术交流。

4. 古建师资培训项目。在我国建设类高校中，现代建筑技术的教学、传承有完整的体系，但在古建筑方面，近些年系统性的教师培训、技术传承等方面做得还远远不够，这就造成了很多古建技术专业人才严重缺乏。基于这种局面，协会与北京房地集团多次商讨，达成了建立相关组织、完善古建筑人才培养体系、共同推进古建人才培养及工艺传承工作的共识，共同签署了战略合作协议，截至目前开展了三期古建师资培训班。

除了开发建设领域内从业人员需要的培训项目，协会还与其他存在建设任务的机构或组织建立了合作关系，为其提供了优质服务。其中包括：为部队工程基建人才提供培训服务；为即将退伍的军人提供社会就业培训；为刑满释放人员提供社会就业服务等。

4.2.3 探索多元化培训模式

协会持续探索在课程中融入更多教育技术的方式，结合教育心理学、美学等专业知识，建立一套更加适合从业人员或在校学生的新的培训模式，以期使参训人员在学习过程中能够更好地集中精力、提高学习效率，在获取知识的同时也能获得更好的学习体验。

1. 调整授课内容。改变传统的以传授教材上的知识为主的授课方式，调整为基础知识以自学或网络学习为主，面授课堂主要结合工程实例来讲解相关知识点，辅以大量的图片、视频、新闻报道等资料的授课方式，使学员更加容易理解和记忆相关知识。

2. 增加实践技能训练比例。在与中国建筑科学研究院有限公司合作的项目“建筑工程检测鉴定系列技术”培训中，经与专家反复研究，在传统的知识传授型授课模式中加入了占总学时超过 30% 的技能操作实践课程。此种方式提高了参训学员的学习积极性，使其更加牢固地掌握了相关知识，深获企业和学员的好评。协会与相关生产企业合作，在全国建立了若干个实习实训基地，推动了新型教学模式向更深更广层面发展。

3. 现场观摩研讨交流。协会与湖北省宜昌市、贵州省贵阳市等地建设行政主管部门合作，开展了旧城改造现场观摩培训班。培训班让学员置身于旧城改造项目现场，教师结合工程实践中的各种实际问题进行讲解和答疑，取得了非常好的教学效果，深受参训学员好评。协会还与同济大学土木工程学院合作举办了建筑物平移现场技术交流会，与四川省市容市政协会合作举办了垃圾分类现场交流会。

4. 针对不同培训项目设置不同的考核方式。安全、质量等方面的培训，设置闭卷考试，要求学员务必将相关要求和知识牢牢掌握；在主要学习解决问题的方式方法的培训中，设置开卷考试，考察学员的专业能力，学员在考试过程中可查阅教材和各类工具书；在各类以操作为主的培训中，设置了理论考试和实操相结合的考核方式，在考核理论知识的同时考察其实操技能水平。

4.2.4　分支机构开展的部分培训工作

协会各分支机构在不断提高自身影响力，完善组织机构建设，建立健全各项制度的同时，也紧紧围绕自身工作领域，积极开展各类服务会员单位的培训工作。

1. 高等职业与成人教育专业委员会紧跟行业人才培养需求，不断提高职业教师专业技术水平，举办“装配式 +BIM”建筑技术师资培训班，来自近 50 所院校的 90 余名教师参加培训。培训依托“天眼”项目及其 BIM 技术团队，结合 BIM 技术专业应用开展培训教学。高等职业与成人教育专业委员会与北京房地集团古建筑工作室合作，在北京举办中国古建筑技术师资培训，以彩画作、木作为内容重点，由古建工作室工艺大师承担培训教学任务，采用“理实一体，教学做合一”的培训方式，并到故宫、颐和园等古建筑修缮项目现场教学，累计为行业培养古建筑师资超过百人。

2. 为适应我国建筑业转型升级，有效防范建筑施工安全事故，推动智能建造和绿色施工技术发展，全面提升施工安全水平，建筑安全教育专业委员会与河南省住房和城乡建设厅合作举办了附着式升降脚手架专业技术培训班。

3. 为贯彻落实国务院办公厅《生活垃圾分类制度实施方案》和加快推进部分重点城市生活垃圾分类工作的相关要求，推进生活垃圾分类制度建设，加快建立分类投放、分类收集、分类运输、分类处理的垃圾处理系统，帮助市政环卫和垃圾处理行业的专业技术人员和管理人员掌握城市生活垃圾分类处理政策法规、技术标准、主要处理方式、垃圾焚烧发电厂渗沥液和烟气处理技术，提高技术管理能力，结合四川省《生活垃圾分类和处置工作方案》，建筑工程病害防治教育专业委员会与四川省市政市容协会合作举办城市环境卫生监测（检测）和城市环境卫生处理工程管理技术员职业培训项目。

4. 为庆祝建党百年，院校德育工作委员会策划并录制了“建筑说党史 春城颂党情”系列精品微课。微课《火种》通过实景浸入式教学、建筑微缩模型等形式，讲述了党在长春的第一个通信站、第一个交通站、第一个宣传站——

长春二道沟邮局里的党史故事；微课《炬光》以情景小品剧、视频短片等形式讲述了长春市第一个党支部建立的时代背景与历史条件。系列微课运用情景教学、视频短片、模型实物等多种形式，把建筑文化的弘扬与党史学习教育相结合，是建设类院校思政课教学创新的有益尝试。

5. 为提升专业教师综合能力，城市交通教育专业委员会举办交通运输专业教师研修班。该班由吉林交通职业技术学院承办，采用“专家讲授 + 案例分析 + 考察交流”的培训方式，聚焦我国交通运输业“十四五”发展目标，关注交通运输新技术的研发与应用，重在持续提升交通运输产业基础能力，提高交通运输管理的现代化水平，推动交通运输业跃迁升级，助力交通运输从业人员的素质提升，促进交通运输类专业产学研水平提升。来自全国高职院校的 66 名专业教师参加了研修班，并获得由城市交通教育专业委员会颁发的结业证书。

6. 继续教育工作委员会联合中国土木工程学会总工程师工作委员会，发挥专家优势，共同开发建造师继续教育精品课程及网络学习平台。参与课程录制的 500 多名专家全部来自企业一线，具有丰富的实践经验。课程分为综合课程、建筑工程等 11 个科目，共计 1000 多个课时，可满足每个注册周期 120 学时的继续教育学习需求。该项目可为注册建造师从业人员提供继续教育线上培训服务，实现远程教学。本项目为各地区开展组织建造师继续教育培训工作提供了有力的技术服务保障。

7. 建设机械教育专业委员会针对部分会员单位承接或参与地方公益培训项目开展专项调研，对会员单位规范承接或参与公益培训项目，诚信提供培训服务，保障培训服务质量等事项，提出意见和建议。向会员单位“帮扶专班、拥军专班、老区支农专班”公益下发统编培训教材，满足地方需求，重点支持会员拓展公益项目，提高社团公益显示度。根据会员诉求，同时为了适应职业教育改革政策和市场变化，对培训合格证书进行改版，按法务程序梳理了相关风险，修订了过程节点的记录表单，完善了档案管理要求。

8. 房地产专业委员会开展了多种类型的培训项目。一是学生就业培训。针对高校房地产相关专业的大三、大四学生，推出岗前职业培训，在房地产策划、商品房销售、不动产经纪、物业项目管理等方面，通过线上学习、线下企业考察、项目参访等环节，培养实习生的岗位能力。二是师资培训。每年寒暑假面向全国高校房地产相关专业系主任及教师组织两期房地产案例教学师资培训。针对近年来行业标杆房企及新兴产业模式，提炼、编撰、汇总若干企业项目创新案例，为高校教师们提供更多与市场接轨的场景与机会。三是为企业定制内训。为促进行业在岗人员能力提升，为企业内部人才梯队建设提供有力支持，根据企业需求提供相对应的岗位能力提升培训。通过线上线下联动学习、组织培训人员前往龙头企业参观典型创新项目、开展经营管理运营销售等方面的座谈学习等，有效促进了企业在岗人员能力提升。

4.3　提高培训质量

4.3.1　管理模式规范化

协会培训工作自 2017 年开始进入了快速发展期，平均每年为行业培养各级各类专业技术管理人员和高技能型人才超过 30 万人。在规模效益不断增长的同时，协会更加注重规范化、标准化管理。自 2018 年起，协会多次召开培训工作会议，建立健全培训全流程管控机制。

2020~2021 年，协会多次组织相关专家和各会员单位召开培训工作会议，明确了涉及培训工作的信息发布、学员报名、信息采集、缴费、培训、考核、证书制作、发证、网上公布及查询、信息汇总及填报等各个重要环节，做好培训质量监控和资料收集、培训基础数据分析等工作，明确各环节要求，逐步优化培训全流程，做到高效、智能和便捷，不断提高培训和服务质量，改善学员体验。

协会重新修订了《职业能力培训新项目申报》文本，严格新培训项目审批程序，规范了培训教学大纲的编写、师资和教学安排等相关要求，针对重要培训项目设专家论证环节。

4.3.2 线上线下培训标准化

2020 年以来，协会不断推进培训工作标准化建设，促进了协会培训工作全面进步，提升了培训管理水平，提高了培训质量，增强了市场竞争力和市场占有率。同时，有利于降低管理成本，提升效率效益。协会提出专业技术培训面授标准化管理的理念，严格管理培训招生文件、培训教学监管、取证统计审核与上网和文件档案管理等环节，明确培训监管要求，认真填写监管工作记录，着力提升专业技术类面授培训的整体形象，打造协会培训品牌；编制短训班合作协议（范本）；制定分支机构培训合作协议（范本），规范合作洽谈程序等，促进培训工作顺利开展；编制《关于办理专业技术管理人员培训合格证书复检注册的通知》等文件，明确继续教育培训学时要求和注册流程，规范继续教育注册管理。

1. 加强培训中心信息化建设。一是建成了中国建设教育协会培训中心官网。该网站集协会及中心介绍、行业动态、培训项目查询、学习与考试平台入口、政策法规宣传、相关期刊、教材推荐等内容于一体，为学员提供了更好的培训服务，改善了网络浏览体验。二是于 2021 年 1 月 7 日启用新版培训考试管理平台，34 个专业技术岗位网上培训项目实行线上考试。新平台在报名、学习、考试、证书打印、电子证书生成和网站数据更新等全过程中实现了全部自动化处理，极大地提高了工作效率和准确率。特别是 2020 年新冠肺炎疫情暴发以后，面授教育培训普遍受到了极大冲击，为降低疫情对于培训工作的影响，减少聚集面授可能产生的风险，协会及时将原有的专业技术管理人员面授与网络教育相结合的模式调整为以网络学习、考试考核为主的模式，解决了疫情、工作和学习之间的矛盾，受到行业企业、参培学员的一致好评。三是与考试平台管理单位共同研究，开发应用程序，优化继续教育复检注册流程，明确文件提交要求和平台线上审批流程等，目前已经上线使用。

2. 组织编写新型试题库。协会培训中心成立了由北京城建集团、北京建设类高职院校教师和培训中心领导、业务负责人等组成的考试题库建设专家组，出台了《关于建设领域专业技术岗位考试题库建设的基本要求》等文件，要求 2020 版试题库编制结合建设行业发展实际和岗位职业能力变化的需求，将新技术、新工艺、新设备、新规范等引入考试命题，推进专业技术岗位等职业能力培训内容更新，提高了培训整体质量。目前已经完成了 31 套试题的编写工作，为专业技术岗位培训实施线上统一考试奠定了良好基础。

3. 评审验收各类平台及学习资源。协会成立专家评审组，采用线上线下相结合的方式对北京市海淀区中装协项目管理培训中心等 10 家培训机构的学习平台进行了验收，其中 2 家评为优秀，其余为合格。目前，课程资源已经达到 80 门次，视频总时长约 1500 小时，保证了学习资源的质量。

4.3.3　特色培训品牌化

在协会发展过程中，通过自身诚信经营，培训工作获得了较好的市场口碑，形成了一批品牌项目。协会成立初期的培训工作主要为住房和城乡建设部授权的工作，虽然在行业中有一定影响力，但服务范围和培训班次相对有限。随着国家行政体制改革和社团脱钩的逐步深入，协会深入进行市场调研，开发了多类市场需求度较高的培训项目。

住房和城乡建设领域每年发布若干新政策、新法规，指导行业发展或企业经营活动。为了促进企业和从业人员更加准确地理解相关文件精神，协会定期组织召开政策解读会和标准宣贯会。为此，协会建立了优质专家库，其中有很多专家参与了相关政策的制定和文件编写工作，可以为参训学员提供良好的解读服务。“建设工程企业资质管理规定解读培训班”“强制性国家标准《工程测量通用规范》GB 55018—2021 宣贯及疑难问题解析培训班”“《建筑与市政工程抗震通用规范》暨《建筑隔震设计标准》宣贯与施工图审查、加固技术专题培训班”“城镇老旧小区改造政策法规与操作实务专题培训班”成为代表性项目。

协会充分发挥专家库优势资源，分析行业高新技术运用情况，结合企业实际需求，定期举办各类高新技术推广培训班。“危大工程安全管控与信息化管理暨加强建筑施工生产安全法制建设职业能力培训班”“地下管线及地下病害探测技术与评估职业培训班”“有限空间作业及潜水专业职业能力培训班”“城市轨道交通工程测量与监测职业能力培训班”“市政管道 CCTV 检测、修复及养护职业能力培训班”“土工试验与岩土工程检测（原位试验）技术职业培训班”成为代表性项目。

建设机械职业教育专业委员会的前身是建设部建设机械人才开发办公室，自 1990 年设立即承担全国建设机械行业系统职工的岗位培训任务，指导设立了本行业全国 31 家建设机械培训中心，并完成了为系统内 5 万余名职工核发“建设机械上岗资格证”等工作。建设机械职业教育专业委员会转入中国建设教育协会后，承袭了原建设部建设机械人才开发办公室的职能，继续承担建设机械岗位人才的职业教育培训任务，包括：加强定点培训机构自律与监管、组织职工和社会学员岗位技能培训、组织职业教育技术科研与信息化系统开发和成果推广、组织开发模拟教学设备并示范应用、组织岗位培训并依托会员培训机构等培训责任主体，为学员发放住房和城乡建设领域建设机械岗位培训合格证书（含施工作业操作证书）等。

中国建设教育协会与中国建筑一局（集团）有限公司（简称中建一局）于 2020 年 11 月 17 日举行战略合作协议签约仪式，将中建一局培训中心多年来研究与实践的人才培养系列成果与协会会员单位（包括企事业单位、职业院校和地方建设教育协会）资源相结合，在建筑企业项目经理人才培养、建党 100 周年培训系列活动等方面开展高品质、战略性合作，为建设行业企业培养高端人才。

2020 年 10 月，中建一局培训中心、协会培训中心与浙江省建筑业技术创新协会共商“建筑企业项目经理职业能力特征及人才培养方案”，研究项目组织、项目实施等核心问题并达成合作共识，确定在浙江省开展建筑企业项目经理职业能力培训试点，并针对开展建筑企业项目经理培训等项目进行了实地考察。

4.3.4 培训课程精品化

在不断提高服务意识和质量的基础上，协会非常重视精品课程的建设，成立了若干精品课程建设小组。一方面在新开发项目的同时进行精品化设计，另一方面在现存项目中筛选部分课程进行二次精品化开发。目前，已经形成了一批精品课程。

为了提高建设行业工程测量从业人员的专业能力，提高培训质量，协会培训中心组织具有丰富实践经验的专家编写了“建设工程测量新技术与实践”系列培训教材（以案例教学为主）。编写主要工作包括：

1. 完善系列培训教材编写委员会工作制度。明确编委会成员及职责，明确教材主编、副主编及参编人员的工作任务，进一步明确主编负责制的编写原则，组织开展系列教材编写过程中的研讨、交流、协调等工作，检查工作进度和质量。

2. 开展《城市轨道交通工程测量与实例》样章研讨。审核《作者选题材料申报（轨道交通）》文件，发布《城市轨道交通工程测量与实例》样章及教材编写要求，对系列教材提出质量和进度要求。

3. 系列教材编写。目前，《城市轨道交通工程测量与实例》和《市政工程测量与实例》两本教材已经出版，作为培训中心开展建设行业工程测量技术人员的岗前培训教材，协会培训中心协助会员单位策划招生宣传，组织《城市轨道交通工程测量与实例》教材现场发布会，利用协会培训中心官网、公众号面向社会进行招生宣传，扩大社会影响。

4. 开展岗位培训精品课程录制。为提高培训质量，满足住房和城乡建设事业高质量发展对人才的要求，2022 年 8 月协会培训中心以先进的职业教育理念为指导，创新课程开发模式，在制定课程标准、研究教学设计、构建教学内容、优化教学方法、创新制作技术等方面进行了探索实践，完成了《安全员》《附着式升降脚手架施工安全管理》《建筑装饰识图与构造》和《建筑 CAD》四门精品课程的视频录制，计划于 2023 年 2 月陆续上线。精品课程的开发成功标志着培训中心进入内涵发展新的阶段。

由协会秘书处组织编写，协会继续教育工作委员会修订的《建筑与市政工程施工现场专业人员职业标准》发布实施后，在住房和城乡建设部的领导下，协会积极宣传推广该标准，多次举办由各省市建设行政主管部门人员参加的宣贯班。

第5章

竞赛活动

为贯彻建设教育主管部门对建设行业人才培养的相关要求，提高在校生、行业从业人员专业技术技能水平，中国建设教育协会从第三届理事会开始，在全国范围内持续组织各级各类赛事，积累了丰富的办赛经验，建立了竞赛管理制度。

在各级各类赛事中，协会团结全国住房和城乡建设领域内管理工作者、教育工作者、研究者，积极开展竞赛技术、技能理论学习等方面的科学研究，培养一批行业的高级教练员、裁判员，培训一批学习型、知识型、技能型、专家型的选手，不断提高参赛选手的竞赛水平，引领行业技能人才培养、培训方向，助力住房和城乡建设行业技能人才队伍建设。

5.1 协会主办的竞赛活动

5.1.1 高等院校 BIM 应用技能系列竞赛

为更好地发展新兴技术，培养职业素质高、创新能力强、专业技能扎实的建筑行业数字化综合人才，助力参赛师生专业技能提升，为学生就业增加竞争力，2008~2021 年，协会成功举办 14 届全国数字建筑创新应用大赛（同“高等院校 BIM 应用技能系列竞赛”），共有来自全国 30 多个省、自治区、直辖市近千所院校参赛，占全国所有开设建筑类相关专业院校总数的 75%。历届高等院校 BIM 应用技能系列竞赛概况见表 5-1。

历届高等院校BIM应用技能系列竞赛概况　　表5-1

届数	竞赛名称	时间	承办单位
1	首届“广联达杯”全国高校学生算量大赛	2008 年 10 月	山东建筑大学 广联达软件股份有限公司
2	第二届“北京住六杯”广联达软件全国高校学生算量大赛	2009 年 10 月	中南大学 广联达软件股份有限公司
3	第三届“浙江五洲杯”全国普通高等院校广联达软件算量大赛	2010 年 10 月	天津大学 广联达软件股份有限公司

续表

届数	竞赛名称	时间	承办单位
4	第四届广联达软件全国高校学生算量技能大赛	2011 年 10 月	西安建筑科技大学 广联达软件股份有限公司
5	第五届“广联达杯”全国高等院校工程算量大赛总决赛、第三届“广联达杯”全国高等院校项目管理沙盘模拟大赛	2012 年 10 月	厦门理工学院 厦门集美大学 广联达软件股份有限公司
6	第六届全国高等院校广联达杯算量软件大赛、第四届全国高等院校广联达杯工程项目管理沙盘模拟大赛	2013 年 10 月	重庆科技学院 西安培华学院 广联达软件股份有限公司
7	第七届全国中、高等院校“广联达杯”工程算量大赛	2014 年 9 月	安徽建筑大学 山东城市建设职业学院 广联达软件股份有限公司
8	2015 年全国中、高等院校 BIM 应用比赛	2015 年 10 月	北京建筑大学 武汉理工大学
9	2016 年全国中、高等院校 BIM 应用技能比赛	2016 年 10 月	吉林建筑大学 河南工业大学 广联达科技股份有限公司
10	2017 年全国高等院校 BIM 应用技能比赛	2017 年 10 月	江苏建筑职业技术学院 长沙理工大学
11	2018 年全国高等院校 BIM 应用技能比赛	2018 年 10 月	四川大学锦城学院 江苏城乡建设职业学院 广联达科技股份有限公司
12	2019 年全国高等院校 BIM 应用技能大赛	2019 年 10 月	南京工程学院 长沙职业技术学院广联达科技股份有限公司
13	2020 年数字建筑创新应用大赛 （原“全国高等院校 BIM 应用技能大赛”）	2020 年 10 月	河北建筑工程学院 四川建筑职业技术学院 广联达科技股份有限公司 北京睿格致科技有限公司
14	2021 年全国数字建筑创新应用大赛	2021 年 11 月	广联达科技股份有限公司

十四年来，全国数字建筑创新应用大赛参赛师生总人数累计突破 19 万人次。赛项设置结合人才培养需求不断更新，从最初的工程算量赛项、工程项目管理沙盘模拟赛项、施工管理沙盘及应用赛项转变到 BIM 应用技能赛项、BIM 造价应用、BIM 施工项目管理、建设工程岗位从业技能仿真等赛项。竞赛积极探索赛事转型升级新思路、新方法，与时俱进，开拓创新，力求打造主题多元、内容更广、方式更多的育人平台。

5.1.2 全国高等院校学生“斯维尔杯”BIM-CIM 创新大赛

为推进建设行业信息化发展及 BIM、CIM 技术在高等院校的教学与应用，搭建应用型人才培养平台，2009~2022 年，协会成功举办 13 届全国高等院校学生“斯维尔杯”BIM-CIM 创新大赛。大赛充分发挥在促进高技能人才培养、推动开展职业技能培训等方面的重要作用，持续推进 BIM、CIM 技术在高等院校教学中的应用，深化复合型人才培养，在内容设置和赛制方面不断改革创新，设置了“线上答辩”“正向一体化”等环节，受到院校教师和行业专家的高度认可。历届全国高等院校学生“斯维尔杯”BIM-CIM 创新大赛概况见表 5-2。

历届全国高等院校学生“斯维尔杯”BIM-CIM创新大赛概况　　表5-2

届数	竞赛名称	时间	承办单位
1	第一届全国高校“斯维尔杯”BIM 软件建模大赛	2009 年 6 月	深圳市斯维尔科技有限公司
2	第二届全国高校“斯维尔杯”BIM 软件建模大赛	2010 年 6 月	深圳市斯维尔科技有限公司
3	第三届全国高校“斯维尔杯”BIM 软件建模大赛	2011 年 6 月	深圳市斯维尔科技有限公司
4	第四届全国高校“斯维尔杯”BIM 软件建模大赛	2013 年 5 月	天津理工大学 重庆大学 深圳市斯维尔科技有限公司
5	第五届全国高校“斯维尔杯”BIM 系列软件建模大赛	2014 年 5 月	沈阳建筑大学 江西南昌大学 深圳市斯维尔科技有限公司
6	第六届全国中、高等院校学生“斯维尔杯”建筑信息模型（BIM）应用技能大赛	2015 年 5 月	华中科技大学 哈尔滨工业大学 深圳市斯维尔科技有限公司
7	第七届全国中、高等院校学生“斯维尔杯”建筑信息模型（BIM）应用技能大赛	2016 年 6 月	山东建筑大学 四川大学 深圳市斯维尔科技有限公司
8	第八届全国中、高等院校“斯维尔杯”建筑信息模型（BIM）应用技能大赛	2017 年 5 月	浙江理工大学 吉林建筑大学 深圳市斯维尔科技有限公司

续表

届数	竞赛名称	时间	承办单位
9	第九届全国高等院校“斯维尔杯”BIM 应用技能大赛	2018 年 5 月	北京建筑大学 同济大学 上海杉达学院 深圳市斯维尔科技有限公司
10	第十届全国高等院校“斯维尔杯”建筑信息模型（BIM）应用技能大赛	2019 年 5 月	兰州交通大学 广西大学 深圳市斯维尔科技有限公司
11	第十一届全国高等院校学生“斯维尔杯”BIM-CIM 创新大赛	2020 年 6 月	湖南大学 深圳市斯维尔科技有限公司
12	第十二届全国高等院校学生“斯维尔杯”BIM-CIM 创新大赛	2021 年 5 月	深圳市斯维尔科技有限公司 上海申元工程投资咨询有限公司
13	第十三届全国高等院校学生“斯维尔杯”BIM-CIM 创新大赛	2022 年 5 月	深圳市斯维尔科技有限公司

全国高等院校学生“斯维尔杯”BIM-CIM 创新大赛规模逐年稳步增长，包括清华大学、同济大学、哈尔滨工业大学、重庆大学等“双一流”大学在内的千余所高等院校参与其中，参赛人数已由初期近千人次增长至近万人次。

赛项设置紧跟建设行业发展趋势，广泛涉及 BIM 建设工程全生命周期的多个专业方向，包含建筑学、土木工程、工程管理、工程造价、建筑环境与设备工程、节能设计、BIM 建模、专项应用、综合应用等，助力教育教学模式改革、课程改革，促进了行业内高素质人才的培养。

5.1.3　全国职业院校“建设教育杯”职业技能竞赛

为贯彻落实《国家中长期教育改革和发展规划纲要（2010-2020 年）》《国家人才发展规划纲要（2010-2020 年）》《国家职业教育改革实施方案》精神，培养适应建设行业发展需要的创新型、应用型和技能型人才，提高职业教育教学质量和办学效益，结合建设行业发展新需求，协会于 2016~2019 年连续举办 4 届全国职业院校建设职业技能竞赛。竞赛按照建设行业未来发展方向、市场急需的职业岗位，设置竞赛赛项，考查学生对技术的掌握程度及各职业院校的教学水平，以达到以赛促练、以赛促教、以赛促学的目的。

1. 2016 年全国中等职业学校建设职业技能竞赛。2016 年 12 月 25 日，由全国住房和城乡建设职业教育教学指导委员会联合中国建设教育协会主办的 2016 年全国中等职业学校建设职业技能竞赛在江苏城乡建设职业学院举行，共有来自全国 22 个省市 58 所中职学校的 208 名代表参赛。比赛分设工程算量、楼宇智能化工程技术、BIM 建模 3 个赛项。

2. 2017 年全国中等职业学校建设职业技能竞赛。2017 年 12 月 23~24 日，由中国建设教育协会主办、江苏城乡建设职业学院承办的 2017 年全国中等职业学校建设职业技能竞赛在江苏城乡建设职业学院举行。本次竞赛共设装配式混凝土建筑虚拟施工（高职组）、装配式楼宇智能化工程技术技能、工程算量、BIM 建模 4 个赛项，共有 69 所院校的近 600 名代表参赛。本届竞赛突出了装配式技术的重要性，增设了装配式混凝土建筑虚拟施工赛项，延伸了智能化工程技术技能在装配式领域的运用。

3. 2018 年全国职业院校“建设教育杯”职业技能竞赛。2018 年 12 月 23 日，由住房和城乡建设部人事司指导，中国建设教育协会主办的 2018 年全国职业院校“建设教育杯”职业技能竞赛在江苏城乡建设职业学院举行。本次竞赛分设中、高职 2 个组别，共 5 个赛项。中职组包含建筑工程算量、BIM 建模技能、建筑智能化工程技术与技能 3 个赛项。高职组包括装配式混凝土建筑虚拟施工、建筑智能化工程技术创新应用 2 个赛项。本次竞赛共有来自全国 108 所院校的近 800 名代表参赛。

4. 2019 年全国职业院校“建设教育杯”职业技能竞赛。2019 年 12 月 27~29 日，由中国建设教育协会主办，江苏城乡建设职业学院承办的 2019 年全国职业院校“建设教育杯”职业技能竞赛在江苏常州举行，共有来自全国 14 个省、自治区、直辖市的 58 支队伍的 116 名代表参赛。本次大赛包含中职组 BIM 建模技能和高职组智慧建筑系统集成技术创新应用 2 个赛项。BIM 建模赛项包含理论客观题、实体建模及深化应用 2 个部分。高职组智慧建筑系统集成技术创新应用赛项紧贴建筑智能化行业应用，结合当前智慧城市、智能建筑的发展趋势，通过技术创新设计与应用，综合考查学生在建筑智能化系统设计安装、编程调试、集成管理及人工智能、物联网在智慧建筑中的创新应用等方面的综合实践技能，同时检验和提升学生的团队协作能力、计划组织能力、交流沟通能力和职业素养。

5.1.4　全国建筑类院校虚拟建造综合实践大赛

为积极贯彻教育部有关“深化人才培养模式改革，进一步提高学生的实践能力、就业能力、创新能力和创业能力”的总体要求，全面落实国家关于提高教育教学质量的系列决策部署，弘扬“实践出真知”的核心思想，推进教育信息化发展、高校实训改革及人才培养模式改革，2016 年，协会面向院校教师举办首届全国建筑仿真教学课程设计大赛并取得圆满成功。为推动院校教师运用仿真技术教学，推广建筑仿真教育技术实践，协会将竞赛升级为全国建筑类院校虚拟建造综合实践大赛，参赛群体也由教师转变为全国各级建筑类院校在校学生，旨在提升学生的专业实践技能，提高学生的团队协作意识，进一步推动高校实训改革及人才培养模式改革。

1. 首届全国建筑仿真教学课程设计大赛。2016 年 3 月首届全国建筑仿真教学课程设计大赛举办。大赛是在信息化教育快速发展背景下，以促进建筑学科发展，发挥教师在信息化教学中的主导作用为目的，希望通过大赛提升院校教学质量，深化教学改革，从而进一步提升教师的教学能力，完善教学内容与方法。

全国建筑仿真教学课程设计大赛以教师为参赛主体，以虚拟仿真教学设计为比赛形式，以建筑工程教学中的主要课程为课题方向，全面提升教师在建筑课程上的教学能力。本届比赛分为本科组、高职组和中职组，分别由仿真教学课程设计和仿真教学课程现场说课 2 个环节组成。

2. 第二届全国建筑类院校虚拟建造综合实践大赛。2017 年 10 月 21 日，由中国建设教育协会主办，杭州万霆科技股份有限公司承办，山东城市建设职业学院协办的“第二届全国建筑类院校虚拟建造综合实践大赛”在山东城市建设职业学院举办。本届大赛吸引了全国百余所院校报名参赛，数百个精英团队在此同台竞技，经过层层选拔，最终决出 6 个赛项的冠、亚、季军。本届大赛共有近 9000 位观众在线上微博平台为选手加油助威。

3. 第三届全国建筑类院校虚拟建造综合实践大赛。2018 年 10 月 13~15 日，由中国建设教育协会主办、邢台职业技术学院承办、杭州万霆科技股份有限公司协办的第三届全国建筑类院校虚拟建造综合实践大赛在邢台职业技术学院举办，来自全国百余所院校的千余人报名参赛。

5.1.5 全国高等院校“绿色建筑设计”技能大赛

为扎实做好碳达峰、碳中和工作，《中华人民共和国国民经济和社会发展第十四个五年规划和 2035 年远景目标纲要》提出了推动绿色发展，促进人与自然和谐共生的目标。绿色建筑作为世界的热点问题和我国的战略发展产业，越来越受到社会的关注。2020 年 7 月，七部委联合开展绿色建筑创建行动，总体目标为：到 2022 年，城镇新建绿色建筑面积占比 70%，星级标识持续增加。

为提高高等教育学生绿色建筑理论与实践相结合的能力，2019 年起，协会与中国城市科学研究会绿色建筑与节能专业委员会共同主办全国高等院校“绿色建筑设计”技能大赛，三届大赛参赛团队总数达 1944 支。大赛培养了学生的创新意识、团队合作精神，提高了学生解决实际问题的能力，培养、选拔了行业优秀人才，满足了企业实际需求。

1. 全国高等院校首届“绿色建筑设计”技能大赛。由中国建设教育协会、中国城市科学研究会绿色建筑与节能专业委员会主办，北京绿建软件股份有限公司承办的全国高等院校首届“绿色建筑设计”技能大赛历时 7 个月，于 2019 年 4 月 4 日圆满收官，受到了行业内的广泛关注。

大赛采用网络人气投票与行业专家深度探讨相结合的赛制，全方位多角度考核学生能力。在网络人气投票的 40 余天里，访问量近 94 万人次，投票量高达 13.8 万票。

2. 全国高等院校第二届“绿色建筑设计”技能大赛。由中国建设教育协会、中国城市科学研究会绿色建筑与节能专业委员会主办，知识产权出版社有限责任公司、筑龙学社、《建筑节能杂志》协办，北京绿建软件股份有限公司承办的全国高等院校第二届“绿色建筑设计”技能大赛历时 9 个月，于 2020

年 6 月 6 日圆满收官。此次大赛共有 56 个作品分别获一、二、三等奖，95 个作品获优秀奖。

3. 全国高等院校第三届“绿色建筑设计”技能大赛。由中国建设教育协会、中国城市科学研究会绿色建筑与节能专业委员会主办，清华大学建筑设计研究院有限公司、知识产权出版社有限责任公司、筑龙学社、《建筑节能》杂志协办，湖南大学建筑学院、北京绿建软件股份有限公司承办的全国高等院校第三届“绿色建筑设计”技能大赛于 2021 年 5 月中旬成功举办。

5.1.6 全国职业院校“建设职教杯”职业技能竞赛

为贯彻落实《国家职业教育改革方案》精神，贴近建设行业发展对 BIM 技术人才的新需求，推动职业院校学生更好地掌握 BIM 技术，培养适应建设行业发展需要的高素质、高技能型人才，提高教育教学质量和办学效益，在平度市教育局、青岛市教育局的支持下，由中国建设教育协会主办、平度市职业中等专业学校承办、广联达科技股份有限公司协办的全国职业院校“建设职教杯”职业技能竞赛于 2019 年 12 月 13~15 日在平度市职业中等专业学校成功举办。来自全国 25 所职业院校的选手在 BIM 建筑工程算量和建筑工程 BIM 虚拟仿真比赛中同台竞技。

5.1.7 全国高校“品茗杯”BIM 应用毕业设计大赛

为提高即将毕业学生的设计能力和综合素质，培养其实践能力和创新创业精神，促进 BIM 职业技能培养与人才培养方案、专业建设、课程建设、教师队伍能力提升建设紧密结合，2020 年起，协会组织开展全国高校“品茗杯”BIM 应用毕业设计大赛，提供竞技平台，促进 BIM 教学和人才培养的经验交流，共同推进职业教育改革，培养技术技能人才，为建筑业转型升级提供人才保障。

1. 首届全国高校“品茗杯”BIM 应用毕业设计大赛。2020 年 6 月 5 日，由中国建设教育协会主办，南京工程学院承办，杭州品茗安控信息技术股份有限公司协办的首届全国高校“品茗杯”BIM 应用毕业设计大赛总决赛正式开幕。

大赛于2019年10月正式启动，2020年6月决赛落幕，历时近9个月。共有来自全国23个省份的346所院校报名参赛，总参赛队伍达1010支，总参赛学生人数4538人，作品提交总数613个。晋级全国总决赛的队伍共235支。

大赛同期，组委会还举办以"'智慧建造'驱动下的人才培养探索"为主题的沙龙会议。40位业内专家就"智慧工地的应用现状与发展趋势""面向智能建造的土木类新工科人才培养探索与实践""智慧建造背景下建筑类专业群建设路径探析""BIM与'1+X'的相互结合"等话题展开了广泛而深入的探讨。

2. 第二届全国高校"品茗杯"BIM应用毕业设计大赛。2021年5月29日，由中国建设教育协会主办，西安工程大学、山东城市建设职业学院承办，中国建设教育协会教育技术专业委员会、中国建设教育协会高等职业与成人教育专业委员会、杭州品茗安控信息技术股份有限公司协办的第二届全国高校"品茗杯"BIM应用毕业设计大赛总决赛在杭州正式开幕。

自2020年10月面向全国高校征集作品以来，共有来自全国29个省（区、市）的420所本科和中高职业院校的1420支参赛队伍（近8000名师生）报名参赛。其中，本科组有232所院校的811支队伍参赛，中高职组有188所院校的609支队伍参赛，大赛规模再创新高。经过激烈角逐，最终有317支队伍晋级到全国总决赛。

大赛期间，组委会举办以"智能建造与人才培养"为主题的交流研讨会，30余位与会专家围绕"东南大学智能建造专业分享""基于BIM的智慧管理平台与审计应用""智能建造专业建设汇报"开展了深入交流与探讨，立足现阶段，集思广益，共同为智能建造与人才培养贡献智慧和力量。

5.1.8 全国建筑类院校钢筋平法应用技能大赛

为贯彻落实国务院、教育部有关"弘扬工匠精神，助力技能强国，大力培养应用型人才队伍"系列文件精神，继续深化建筑类院校建筑专业建设与课程改革，适应建筑产业转型和行业对技术技能应用型人才培养需要，深化产教融合、校企合作，检验在校学生的专业综合能力，展示教育教学改革成果，2020 年起，协会组织举办全国建筑类院校钢筋平法应用技能大赛。比赛充分考虑新冠肺炎疫情因素，以网络比赛 + 线下直播的方式进行。在竞赛内容方面，将企业相应岗位的核心工作要求与学生所学专业知识相结合，使学生真正感受实际工作中的要求。大赛注重考核选手的动手能力、解决实际工程问题的能力，以及团队成员间的分工合作、协同创新、多向互动能力。

1. 2020 年全国建筑类院校钢筋平法应用技能大赛。2020 年 11 月 25 日，由中国建设教育协会主办，日照职业技术学院承办，一砖一瓦科技有限公司、源助教（沈阳）科技有限公司协办的“2020 年全国建筑类院校钢筋平法应用技能大赛”全国总决赛在日照职业技术学院成功举办。大赛采用网络比赛 + 线下直播的方式进行，共有全国 20 个省份的 34 所本科、高职院校的 52 支队伍进入全国总决赛。决赛以一个典型的钢筋构造构件为项目载体，项目成员选择角色（施工员、造价员、质量员），合作完成“钢筋平法理论基础应用”“钢筋平法施工应用”和“成果汇报”三个环节，进行专业和综合技能考核。

2. 2021 年全国建筑类院校钢筋平法应用技能大赛。2021 年 11 月 20 日，由中国建设教育协会主办，湖北城市建设职业技术学院承办，一砖一瓦科技有限公司、源助教（沈阳）科技有限公司协办的“2021 年全国建筑类院校钢筋平法应用技能大赛”全国总决赛在湖北城市建设职业技术学院成功举办。大赛采用网络比赛 + 线下直播的方式进行，共有来自全国 20 个省份的 58 所院校的 86 支队伍参赛。本次竞赛以一个工程中典型的钢筋构造节点为载体，依据国家和行业标准，对标企业相应岗位职业核心工作要求，设计了“钢筋平法理论基础应用”“钢筋平法施工应用”和“成果汇报”三个模块，对钢筋工程基础理论、平法识图与算量、施工应用和质量验收方案编制能力、项目组织和协作能力等多方面进行考核，验证参赛选手的实践动手能力、操作规范程度、工作组织和团队合作能力等职业技能和职业素养。

5.1.9 分支机构开展的部分竞赛活动

为服务会员单位，分支机构结合服务领域积极开展竞赛活动。

全国大学生房地产策划大赛于 2008 年由北京建筑大学联合北京十几所高校共同发起，旨在提高大学生创新实践能力，后逐步推广到华北区域，形成了区域影响力。2017 年起，该项竞赛由中国建设教育协会主办，协会房地产专业委员会参与策划运营，与高校共同承办。赛事规模和辐射范围不断扩大，参赛院校达 200 余所，年参赛学生 10000 余人，逐步成为品牌竞赛项目和关注焦点。

2018 年底，协会房地产专业委员会与清华大学签订战略合作协议，共同承办“全国高校房地产创新创业邀请赛”，定向邀请全国顶级高校学生参赛。邀请赛目的是探讨房地产领域前沿课题，鼓励高校精英跨专业并肩作战，选拔高端创新型人才。

每届竞赛历时 8 个月，设校内选拔、区域选拔、全国总决赛三个环节。赛后，通过夏令营、冬令营、认证培训等辅助活动，对接房地产企业，直接输送人才。在赛题设置方面，选取真实地块，结合高校专业课程设置，从设计、技术、策划、治理、经济等角度提出竞赛要求，考查学生的创新和专业能力。往届部分赛题如下：“活力 · 社区”——北京回龙观龙腾苑社区改造项目、恒大地产 · 西安文化旅游城项目、陕西西安曲江二期项目、重庆临空商务区地块策划项目、武汉盘龙城项目、广州市花都区凤凰路项目等。

近年来，协会教育技术专业委员会积极组织各类竞赛活动，包括全国建设类院校施工技术应用技能大赛、全国高等院校学生 BIM 应用技能网络大赛、全国高校“品茗杯”BIM 应用毕业设计大赛、全国高校“鲁班杯”BIM 毕业设计作品大赛等，有几百所院校的几十万师生参与其中。

5.2 承办全国职业院校技能大赛建设类赛项

全国职业院校技能大赛作为国家级职业技能竞赛项目，对我国职业教育产教结合新体制、工学结合现代教学制度和校企融合人才培养模式的形成和发展具有重要作用。

2009~2018 年，全国职业院校技能大赛中职组建设职业技能比赛连续举办了近 10 年，是面向全国建筑工程技术领域中等职业学校在校生举办的最大规模的技能竞赛。参赛院校涵盖全国各省、自治区、直辖市千余所院校。通过大赛，助力职业教育教学改革，推动产教融合、校企合作，促进人才培养和产业发展相结合，增强职业教育的影响力和吸引力。历届全国职业院校技能大赛中职组建设职业技能比赛情况见表 5-3。

历届全国职业院校技能大赛中职组建设职业技能比赛　　表5-3

届数	竞赛名称	地点	赛项
1	2009 年全国职业院校技能大赛中职组建设职业技能比赛	天津市	1. 建筑工程测量； 2. 建筑工程算量
2	2010 年全国职业院校技能大赛中职组建设职业技能比赛	天津市	1. 工程测量； 2. 工程算量； 3. 楼宇智能化（安防布线）
3	2011 年全国职业院校技能大赛中职组建设职业技能比赛	天津市	1. 工程算量； 2. 楼宇智能化（安防布线调试）； 3. 建筑设备安装与调控（给水排水）； 4. 建筑 CAD
4	2012 年全国职业院校技能大赛中职组建设职业技能比赛	天津市 广东省清远市	1. 电梯维修保养； 2. 工程测量； 3. 建筑设备安装与调控（给水排水）； 4. 计算机辅助设计（建筑 CAD）
5	2013 年全国职业院校技能大赛中职组建设职业技能比赛	天津市	1. 楼宇智能化系统安装与调试； 2. 建筑装饰技能
6	2014 年全国职业院校技能大赛中职组建设职业技能比赛	天津市	1. 工程测量； 2. 建筑设备安装与调控（给水排水）； 3. 建筑 CAD
7	2015 年全国职业院校技能大赛中职组建设职业技能比赛	天津市	1. 建筑 CAD； 2. 楼宇智能化系统安装与调试
8	2016 年全国职业院校技能大赛中职组建设职业技能比赛	天津市	1. 工程测量； 2. 建筑 CAD
9	2017 年全国职业院校技能大赛中职组建设职业技能比赛	山东省青岛市 江苏省南京市	1. 建筑装饰技能； 2. 工程测量； 3. 建筑设备安装与调控
10	2018 年全国职业院校技能大赛中职组建设职业技能比赛	山东省青岛市 江苏省南京市	1. 建筑 CAD； 2. 工程测量； 3. 建筑智能化安装与调试

5.3 承办全国行业职业技能竞赛

为贯彻落实党的十九大提出的“建立知识型、技能型、创新型劳动大军，弘扬劳模精神和工匠精神，营造劳动光荣的社会风尚和精益求精的敬业风气”，选拔和培养建设行业高素质、高技能人才，促进建筑产业转型升级和高质量发展，2016 年起协会参与组织中国技能大赛（2020 年起更名为全国行业职业技能竞赛）。2018~2021 年，协会成功举办了 4 届全国装配式建筑职业技能竞赛，包含混凝土工、模具工、装配式建筑施工员、建筑信息模型技术员、智能楼宇管理员、工程测量员、装饰装修工等赛项。各赛项均分职工组和学生组两个组别。竞赛分为各省选拔赛和全国总决赛两个阶段，选拔赛覆盖全国 20 余个省市和地区。

5.3.1 全国中央空调系统职业技能竞赛

全国中央空调系统职业技能竞赛分为全国预选赛及决赛。预选赛分别在石家庄、太原、广州、重庆举办，总决赛于 2016 年 11 月在北京举办。竞赛考核参赛选手关于中央空调系统设备的系统设计、安装、接线、检测、调试、运行与维护等综合实践技能以及职业素养和安全意识。通过竞赛可全面提升参赛选手的专业技能，使其掌握关于新技术、新设备、新工艺方面的知识，从而为行业培养高技能人才，助力住房和城乡建设事业发展。

5.3.2 首届全国装配式建筑职业技能竞赛

2018 年 2 月 27~28 日，由中国建设教育协会、中国就业培训技术指导中心、住房和城乡建设部科技与产业化发展中心（住房和城乡建设部住宅产业化促进中心）联合主办的 2018 年中国技能大赛“三一杯”首届全国装配式建筑职业技能竞赛（学生组）总决赛在济南工程职业技术学院举办。本届竞赛的主题是“弘扬工匠精神，推动产业发展”。来自全国各院校的 54 支代表队的 108 名选手同台竞技。

大赛设置理论知识（30%）和实际操作（70%）两个考核环节。其中，理论考试考查选手对国家装配式建筑的政策、意见、标准、规范的掌握情况。实际操作按小组进行比赛，分为混凝土构件制作、混凝土构件装配、混凝土构件灌浆（包括模具准备、构件浇筑、构件吊装和构件灌浆）3 个项目进行。职工组技能总决赛于 2019 年 3 月 19~21 日举办。来自全国 14 个省市的 34 家企业的 41 支队伍，共 109 名选手参赛。

5.3.3　第二届全国装配式建筑职业技能竞赛

根据人力资源和社会保障部颁布的《关于组织开展 2019 年中国技能大赛的通知》的文件精神，由中国建设教育协会、中国就业培训技术指导中心、住房和城乡建设部科技与产业化发展中心联合开展“2019 年中国技能大赛——第二届全国装配式建筑职业技能竞赛”（模具工、智能楼宇管理员职业竞赛）。全国总决赛于 2019 年 11 月 23~25 日在北京和江西省九江市举行。本届竞赛由中国建筑业协会智能建筑分会、北京博奥网络教育科技股份有限公司、碧桂园控股有限公司联合承办。

5.3.4　第三届全国装配式建筑职业技能竞赛

2020 年全国行业职业技能竞赛——“中国建设杯”第三届全国装配式建筑职业技能竞赛由中国建设教育协会、中国就业培训技术指导中心联合主办。竞赛旨在选拔和培养装配式建筑高技能人才，促进建筑业转型升级和高质量发展。

2020 年 11 月 24~25 日，由北京博奥网络教育科技股份有限公司与中国二十二冶集团公司承办，廊坊市中科建筑产业化创新研究中心与北京东方雨虹防水技术股份有限公司协办的该竞赛装配式建筑施工员（职工组）总决赛在河北唐山成功举办。经过各省级预赛选拔推荐，共有来自全国 35 个公司代表队的 76 名选手参加总决赛。

2020 年 12 月 5 日，由北京博奥网络教育科技股份有限公司和河南建筑职业技术学院承办，廊坊市中科建筑产业化创新研究中心、山东新之筑信息科技有限公司与杭州嗡嗡科技有限公司协办的该竞赛装配式建筑施工员（学生组）总决赛成功举办。经过各省级预赛选拔推荐，来自全国 19 个省市 159 所院校的 257 支队伍，共 403 名选手参加总决赛。

5.3.5 第四届全国装配式建筑职业技能竞赛

在住房和城乡建设部人事司的指导下，中国建设教育协会、中国就业培训技术指导中心联合举办 2021 年全国行业职业技能竞赛——第四届全国装配式建筑职业技能竞赛。本年度竞赛共设有 4 个工种，分别为装配式建筑施工员、建筑信息模型技术员、工程测量员、装饰装修工。其中，工程测量员和装饰装修工为 2021 年新增赛项。2021 年 12 月 3~18 日，分别在安徽合肥、广东广州、广西桂林、山东济南进行全国总决赛，共计 207 名选手到场参赛。

2021 年 12 月 17~18 日，由北京博奥网络教育科技股份有限公司、山东省建设科技与教育协会、山东省建设工会、中建八局第一建设有限公司、中建科技（济南）有限公司承办，廊坊市中科建筑产业化创新研究中心、济南工程职业技术学院、杭州嗡嗡科技有限公司协办的“第四届全国装配式建筑职业技能竞赛‘装配式建筑施工员’赛项（职工组）全国总决赛”在山东济南举办，经过各省级预赛选拔推荐，来自全国 14 个地区的 37 个单位，共计 88 名选手参加总决赛。

2021 年 12 月 3 日，由北京博奥网络教育科技股份有限公司、安徽水利水电职业技术学院承办，安徽省建设教育与专业技术协会、廊坊市中科建筑产业化创新研究中心、杭州品茗安控信息技术股份有限公司协办的“第四届全国装配式建筑职业技能竞赛‘建筑信息模型技术员’赛项（职工组）全国总决赛”在安徽合肥举办。竞赛分为 BIM 深化设计、BIM 投标应用、BIM 项目管理 3 个方向。经过各省级预赛选拔推荐，来自全国 13 个地区的 30 个单位，共计 42 名选手参与总决赛。

2021 年 12 月 10~12 日，由广西城市建设学校承办，廊坊市中科建筑产业化创新研究中心、上海华测导航技术股份有限公司协办的“第四届全国装配式建筑职业技能竞赛‘华测导航杯’工程测量员赛项（职工组）全国总决赛”在广西桂林举办。竞赛分为建筑施工放样、1 ：500 数字化测图、建筑立面测量 3 个方向。每个方向单独命题，分别竞赛，均设置理论考核（20%）和实操考核（80%）。经过各省级预赛选拔推荐，来自全国 8 个地区的 11 个单位，共计 54 名选手参与总决赛。

2021 年 12 月 6~7 日，由北京市顺义区东方雨虹职业技能培训学校、广州城建职业学院承办，廊坊市中科建筑产业化创新研究中心、北京东方雨虹技术股份有限公司协办的“第四届全国装配式建筑职业技能竞赛‘雨虹杯’装饰装修工赛项（职工组）全国总决赛”在广东广州举办。竞赛分为瓷砖镶贴及美缝、防水设计与施工、油漆与装饰 3 个方向。经过各省级预赛选拔推荐，来自全国 10 个地区的 12 个单位，共计 23 名选手参与总决赛。

通过竞赛，在全国装配式建筑行业掀起了培育知识型、技能型、创新型高素质技能人才的热潮，为装配式建筑的快速和高质量发展打下坚实的基础；对深化装配式建筑职业教育教学改革，推动建筑产业产教融合、校企合作，促进装配式建筑人才培养和建筑产业融合发展，扩大装配式建筑职业教育交流，增强装配式建筑职业教育的影响力和吸引力具有推动作用，也为全国装配式建筑“一带一路”走出去倡议实施搭建了良好的高技能人才培养平台。

5.4　承办世界技能大赛全国住房和城乡建设行业选拔赛

世界技能大赛是国际性的职业技能赛事，被誉为“世界技能奥林匹克”。为进一步推广世界技能大赛理念，弘扬工匠精神，贯彻落实“人才强国、人才兴业”战略，推进住房和城乡建设行业人才队伍建设，2018 和 2020 年，住房和城乡建设部分别举办了两次住房和城乡建设行业选拔赛。协会作为主要承办单位，在专家管理、赛事筹备、人力资源等方面提供相应支持，为选拔优秀人才、组建住房和城乡建设行业代表队提供了保障。

5.4.1　第 45 届世界技能大赛全国住房和城乡建设行业选拔赛

2018 年，住房和城乡建设部决定举办第 45 届世界技能大赛全国住房和城乡建设行业选拔赛。本次选拔赛由住房和城乡建设部主办，中国建设教育协会、中国城镇供水排水协会、中国公园协会、中国建筑业协会、中国安装协会共同承办，竞赛秘书处设在中国建设教育协会。根据世界技能大赛全国选拔赛技术规则的有关规定，协会成立了各赛项执委会，积极组织竞赛筹备工作。

2018 年 4 月 26 日至 5 月 9 日，历时 15 天，共有来自全国 61 家单位的 220 名选手参加选拔赛。中国建设教育协会协同各承办单位、各赛项协办单位、赞助企业，成功举办了本次选拔赛。

选拔赛组委会成员单位由住房和城乡建设部相关司局、承办选拔赛任务的行业组织、院校、企业等组成。选拔赛组委会办公室设在住房和城乡建设部人事司，秘书处设在中国建设教育协会，负责选拔赛协调管理等日常工作。2 个赛项分别冠名为：第 45 届世界技能大赛全国住房和城乡建设行业选拔赛“德高杯”瓷砖贴面赛项；第 45 届世界技能大赛全国住房和城乡建设行业选拔赛“西元杯”管道与制暖赛项。

2019 年 3 月，住房和城乡建设部人事司发函，由行业有关协会推荐“住建行业技术能手”。中国建设教育协会将在第 45 届世界技能大赛全国住房和城乡建设行业选拔赛中获得各赛项的一、二等奖优秀选手共计 63 人上报住房和城乡建设部人事司。

2019 年 7 月，人力资源和社会保障部公布第 45 届世界技能大赛全国选拔赛获“全国技术能手”荣誉人员名单，住房和城乡建设行业代表队优秀选手潘永坚获得该项荣誉。

为总结办赛经验，指导相关单位和参赛选手开展相关培训活动，世赛住建行业选拔赛组委会及廊坊市中科建筑产业化创新研究中心组织相关专家编写了世界技能大赛训练导则，内容涉及木工、园艺、砌筑、瓷砖贴面、水处理技术、油漆与装饰、管道与制暖、抹灰与隔墙系统 8 个赛项。

通过选拔赛，各学校以赛促教，与行业企业紧密联合，积极开展校企合作，为行业培养了急需的操作型技能人才。

5.4.2　第 46 届世界技能大赛全国住房和城乡建设行业选拔赛

中华人民共和国第一届职业技能大赛住房和城乡建设行业选拔赛（第 46 届世界技能大赛全国住房和城乡建设行业选拔赛）由住房和城乡建设部主办，中国建设教育协会承办。根据世界技能大赛全国选拔赛技术规则的有关规定，成立了各赛项执委会。

本次选拔赛设 8 个赛项，共有来自全国 104 家单位的 141 名选手参加。中国建设教育协会成立工作组，负责选拔赛协调管理等日常工作。

住房和城乡建设部的行业选拔赛，不仅承担着为行业选拔优秀选手，代表行业参加中华人民共和国第一届职业技能大赛的任务，同时也是一次在全国行业范围内普及世界规则和工艺标准的机会。为了能让参赛选手更多地了解世界技能大赛的相关要求，各赛项的专家组在编制技术文件、布置比赛场地、制定评分规则、组织裁判和评判方法方面参照世界技能大赛的标准执行。

5.5　协助组织住房和城乡建设行业代表队参加中华人民共和国第一届职业技能大赛

2020 年 12 月 10 日，中华人民共和国第一届职业技能大赛（简称第一届全国技能大赛）在广州开赛。大赛以“新时代、新技能、新梦想”为主题，设 86 个比赛项目，其中世赛选拔项目 63 个，国赛精选项目 23 个。共有来自全国各省（区、市）、新疆生产建设兵团和有关行业组成的 36 个代表团的 2500 多名选手、2300 多名裁判人员参赛，是中华人民共和国成立以来规格最高、项目最多、规模最大、水平最高的综合性国家职业技能赛事。中共中央总书记、国家主席、中央军委主席习近平发来贺信，向大赛的举办表示热烈的祝贺，向参赛选手和广大技能人才致以诚挚的问候。贺信强调，各级党委和政府要高度重视技能人才工作，大力弘扬劳模精神、劳动精神、工匠精神，激励更多劳动者特别是青年一代走技能成才、技能报国之路，培养更多高技能人才和大国工匠，为全面建设社会主义现代化国家提供有力人才保障。

协会受住房和城乡建设部委托，组织筹备第一届全国技能大赛住房和城乡建设行业选拔赛。选拔赛历时 84 天，共有来自全国 104 家单位的 141 名选手参加，最终遴选 8 名选手代表住房和城乡建设行业参加第一届全国技能大赛。住房和城乡建设行业代表团由住房和城乡建设部人事司司长江小群任团长，协会理事长刘杰任副团长。全团包括领队、参赛选手、裁判员、观察员、随团记者、防疫医生和“全国技能展示交流”活动工作人员共计 54 人。

住房和城乡建设行业代表团的 8 名选手参加抹灰与隔墙系统、砌筑、瓷砖贴面、管道与制暖、焊接、花艺、建筑金属构造、水处理技术 8 个项目。抹灰与隔墙系统项目选手程邦获得金牌，花艺项目选手闫盈吉获得银牌，瓷砖贴面项目选手傅宇豪获得银牌，砌筑项目选手罗杰获得银牌，焊接项目选手蒋鸿森获得铜牌，水处理技术项目选手徐建成以第四名的成绩获得优胜奖，建筑金属构造项目选手罗树鑫以第十名的成绩获得优胜奖，管道与制暖项目选手蔡佳霖以第十名的成绩获得优胜奖。代表团选手全部获奖，取得了 1 金 3 银 1 铜 3 优胜的好成绩，全部进入国家集训队。

行业选拔赛的成功举办、住房和城乡建设行业代表团取得了团体第二名的竞赛成绩，离不开职业院校的大力支持。很多职业院校倾注了大量的人力物力，全力支持学生赛前培训，学校领导和专业教师全员全过程协助参与比赛组织、培训、选拔等工作。社会企业的参与为大赛成功举办提供了大量的经费支持和人员支持。

大赛设有展示交流活动，展期 3 天。住房和城乡建设部展示交流活动区分为住房和城乡建设部成果岛屿区、竞赛成果展区以及优秀企业展区。结合图文展板及新技术产品的互动体验，体现了住房和城乡建设行业企业的新技术、新发展和技能人才培养成果。

本次展示交流活动共邀请了 10 家企业、3 所院校、1 家出版社作为行业企业、院校代表参加，其中包括中亿丰建设集团股份有限公司、中国建筑工业出版社、广联达科技股份有限公司等。

大赛及展示交流活动期间，根据组委会的统筹安排，住房和城乡建设代表团在赛前、赛中、赛后以图文、视频直播等形式对赛事进行宣传报道，分别在中国建设报、新华网、环球网、广州日报等行业主流媒体发布赛事新闻，并在大赛同期对住房和城乡建设部展区进行互动直播，直播当天访问量共计 26.7 万人次。赛后，对获奖选手、裁判、“全国技能展示交流”活动进行了专题报道。

5.6　竞赛管理

协会在十余年的办赛过程中，积累了丰富的办赛经验，总结提炼形成了规范标准的竞赛管理制度，对所有竞赛发文、技术文件、手册的保存以及专家、裁判、仲裁、监督的人员管理均有明确要求，对资金使用严格管理，制定有详细收支及结算、决算制度，确保比赛资金使用不违规、不浪费、合理合法、专款专用。2021 年底，协会发布了《中国建设教育协会竞赛管理办法（试行）》，为竞赛实施提供了制度保障。

第6章

交流合作

6.1 与地方建设教育协会的交流合作

6.1.1 地方建设教育协会概况

自20世纪80年代开始，全国许多省、自治区、直辖市开始陆续成立地方建设教育协会。截至2022年，全国已有23个省、自治区、直辖市成立了建设教育协会。

各地方建设教育协会依托本地资源优势，主动承接当地建设行政主管部门的任务，在当地具有较大的号召力和影响力，是建设教育领域极为重要的组成部分，在促进建设教育改革和发展方面做了大量工作，充分发挥了桥梁纽带的作用。目前，地方建设教育协会会员单位总数超过2000家，在建设领域的院校和企业中有相当大的覆盖面。多年来，地方建设教育协会始终积极支持中国建设教育协会的工作，与协会之间建立了密切的联系，成为协会的会员单位、理事单位、常务理事单位。部分地方建设教育协会负责人担任中国建设教育协会副理事长职务。

6.1.2 地方建设教育协会联席会议

为了加强与地方建设教育协会，以及地方建设教育协会之间的联系与交流，在中国建设教育协会的倡导下，建立了地方建设教育协会联席会议制度。

自2001年在湖南长沙召开第一届地方建设教育协会联席会议以来，地方建设教育协会联席会议在各地方建设教育协会间轮流承办，截至2021年已经举办了18届。历届地方建设教育协会联席会议概况见表6-1。

历届地方建设教育协会联席会议概况　　表6-1

名称	主要内容	时间	地点	承办单位
第1届全国地方建设教育协会联席会议	总结、交流地方建设教育协会建设经验，研究加强协会之间联系与合作的有效途径	2001年5月29日~6月1日	湖南长沙	湖南省建设教育协会

续表

名称	主要内容	时间	地点	承办单位
第 2 届全国地方建设教育协会联席会议	交流地方建设教育协会工作和活动经验，推动地方建设教育协会的建立、建设和发展	2002 年 10 月 22~25 日	湖北武汉	湖北省建设教育协会
第 3 届全国地方建设教育协会联席会议	通报中国建设教育协会当前和今后的工作思路和安排；贯彻落实建设部“全国建设职业技能岗位培训与鉴定现场经验交流会”（湖南会议）精神，交流开展有关工作的情况，探讨地方建设教育协会在这项工作中的地位和作用	2003 年 11 月 25~28 日	广西南宁	广西省建设教育协会
第 4 届全国地方建设教育协会联席会议	研讨在政府职能转移和《行政许可法》实施的情况下，建设教育协会的地位和作用；通报中国建设教育协会工作；地方建设教育协会交流在自身建设、开展工作方面的经验	2004 年 8 月 13~16 日	黑龙江哈尔滨	黑龙江省建设教育协会
第 5 届全国地方建设教育协会联席会议	交流各地建设教育、培训工作经验；商讨整合各地教育资源合作开展远程教育培训等问题	2005 年 5 月 27~30 日	安徽黄山	安徽省建设教育与专业技术协会
第 6 届全国地方建设教育协会联席会议	讨论如何在建设行业开展专业技术管理人员职业岗位资格培训工作	2006 年 11 月 14~16 日	四川成都	四川省建设系统岗位培训与建设执业资格注册中心
第 7 届全国地方建设教育协会联席会议	各地方建设教育协会交流工作情况；报告中国建设教育协会第四届会员代表大会工作情况和第四届理事会组成方案	2008 年 5 月 12~15 日	海南海口	海南省建设教育协会
第 8 届全国地方建设教育协会联席会议	交流各协会工作情况；讨论中国建设教育协会 2009~2013 年发展规划	2009 年 5 月 27~29 日	云南昆明	云南省建设教育协会
第 9 届全国地方建设教育协会联席会议	交流各协会开展工作与自身发展情况；交流各省市建筑工程施工现场专业人员（关键岗位）培训工作情况	2010 年 7 月 8~11 日	山西太原	山西省建设教育协会
第 10 届全国地方建设教育协会联席会议	通报中国建设教育协会 2011 年度的主要工作，交流职业培训等相关工作，对中国建设教育协会工作提出意见和建议	2011 年 5 月 6~8 日	河南郑州	河南省建设教育协会
第 11 届全国地方建设教育协会联席会议	交流研讨《关于贯彻实施住房和城乡建设领域现场专业人员职业标准的意见》；介绍中国建设教育协会 20 周年庆典活动筹办工作和《中国建设教育》改版工作	2012 年 4 月 26~27 日	浙江杭州	浙江省建设行业人力资源管理协会

续表

名称	主要内容	时间	地点	承办单位
第 12 届全国地方建设教育协会联席会议	举行《建筑与市政工程施工现场专业人员职业标准》培训教材首发式；地方建设教育协会交流工作	2013 年 10 月 28~30 日	云南腾冲	云南省建设劳动教育协会
第 13 届全国地方建设教育协会联席会议	交流地方建设教育协会组织建设、机构改革及工作开展情况，探讨今后工作方向和思路	2015 年 3 月 27~29 日	江苏苏州	江苏省建设教育协会
第 14 届全国地方建设教育协会联席会议	介绍中国建设教育协会工作及“十三五”规划情况；探讨协商中国建设教育协会与地方协会如何协作发挥更大作用；交流协会组织建设、机构改革及工作开展情况；探讨如何转变观念，适应新形势	2016 年 8 月 12~14 日	内蒙古鄂尔多斯	内蒙古建设教育和劳动协会
第 15 届全国地方建设教育协会联席会议	以“地方协会如何适应新形势、新变化，创新管理模式”为主题交流经验，汇报地方建设教育协会改革和发展情况；讨论地方协会工作规程	2017 年 7 月 14~15 日	黑龙江哈尔滨	黑龙江建筑职业技术学院
第 16 届全国地方建设教育协会联席会议	讨论 2018 年活动计划；探讨行业协会与行政机关脱钩后的发展方向及具体措施；交流地方建设教育协会工作面临的形势，以及脱钩后的工作和承担的责任	2018 年 7 月 19~20 日	江苏南京	江苏省建设教育协会
第 17 届全国地方建设教育协会第一次联席会议	讨论 2019 年活动计划；探讨行业协会与行政机关脱钩后的发展方向及具体措施；民政部有关领导讲解我国社会团体组织的改革、未来发展方向等问题	2019 年 8 月 22~24 日	湖北宜昌	湖北省建设教育协会
第 17 届全国地方建设教育协会第二次联席会议	以“转型、变革、创新、发展、服务”为主题，交流经验，商讨共同发展机制；现场观摩与学习	2020 年 9 月 17~19 日	河南开封	河南省建设教育协会
第 18 届全国地方建设教育协会联席会议	以“机遇、挑战、共赢”为主题，交流协会工作经验	2021 年 12 月 1~3 日	广东广州	广东省建设教育协会

为了进一步加强中国建设教育协会与各地方建设教育协会的联系，促进地方建设教育协会之间的沟通与交流，相互学习，共同提高，推动住房和城乡建设行业教育工作，加快住房和城乡建设行业人才培养，2017 年，中国建设教育协会与各地方建设教育协会联合制定了《地方建设教育联席会议工作规程》，进一步完善了地方建设教育联席会议工作机制，并明确了地方联席会轮值主席制度。江苏省建设教育协会、湖北省建设教育协会、河南省建设教

育协会、广东省建设教育协会先后成为第一届至第四届轮值主席单位。通过地方建设教育联席会议，交流和共享了建设教育资源，利用各自优势，共同推进建设教育事业发展。

1. 共同开展行业调查研究工作。在编写《中国建设教育发展年度报告》过程中，各地方建设教育协会积极开展建筑业从业人员职业培训情况调查，提供了科学准确的数据，增强了报告的科学性和可读性。

2. 共同开展技能竞赛相关活动。在中国建设教育协会举办的技能竞赛等活动中，地方建设教育协会积极调动相关资源参与其中：一是积极组织会员单位参赛；二是以承办或者协办单位身份直接参与到比赛的组织工作。如四川、河南、湖北、安徽、山东、江苏等省市建设教育协会作为承办单位参与了“2021 年全国行业职业技能竞赛——第四届全国装配式建筑职业技能竞赛”四个赛项。湖南省建设人力资源协会在第一届全国技能大赛住房和城乡建设行业代表团总结会活动中发挥了重要作用。

3. 共同参与标准制定和课题研究。地方建设教育协会积极参与到中国建设教育协会承担政府委托的标准制定和课题研究工作中：一是积极组织专家参与其中；二是积极组织本地区的调研工作。如在住房和城乡建设部人事司委托的课题《装配式建筑技能人才需求研究》的前期调研过程中，得到了云南、湖北、广东、安徽等省市建设教育协会的大力支持。此外，在协会开展教育教学科研课题立项的过程中，各地方建设教育协会也积极组织会员单位申报，并承担初审等工作。

4. 共同开展培训工作。协会从成立之初就与地方建设教育协会联手开展建设领域人才培训、课程共建和教材共编等工作，与江苏、河南、湖北、广东、安徽、广西、河北、黑龙江、湖南、辽宁、内蒙古、山东、陕西、四川、宁夏、山西、贵州等地方建设教育协会开展了深度务实的合作，培养了大批行业人才。新冠肺炎疫情期间，协会与江苏、河南、湖北、陕西、广东、安徽、湖南、四川、广西、河北等省市的建设教育协会多次交流探讨，利用远程教育网络平台，积极组织开展网络课程共享、题库建设活动，建立学分银行制度，开展线上培训，助力“停课不停学”，尽量减少疫情带来的影响。在住房和城乡建设领域专业技能 BIM 证书考核认证工作中，部分地方建设教育协会作为省级考评管理中心，负责考评管理、考点遴选、考试质量督查等。

6.2 横向交流合作

依托自身优势资源，加强横向交流与合作，是协会拓展服务领域，增强服务能力的有效方式。协会积极与重视社会效益、重视战略发展的相关单位合作，共同面向建设行业开展活动，形成优势互补，资源共享的发展格局。

近年来，协会在技能竞赛、人才培训、学分银行、行业调查、标准编制、课题研究、资源建设、教材及专著编纂等方面与相关学协会、行业企业、科研院所等开展了大量的合作。

2018 年 1 月，协会与教育部学校规划发展中心签订战略合作协议，在创新建设行业和节能环保相关领域职业教育（职前）课程体系项目、建筑类课程线上线下培训认证、建设行业相关师资培训、校企合作实践教学基地建设、职业能力标准建设、培训机构教学质量评估等方面达成了合作意向。2018 年 3 月，协会与中国职工国际旅行社总社签订合作协议，共同就推进产业工人队伍建设开展工作。2020 年 7 月，协会与中国建筑工业出版社联合成立了高等学校土建类专业课程教材与教学资源专家委员会，以促进高等学校土建类专业教材和资源库建设质量提升，为住房和城乡建设领域人才培训提供更优质的教学资源。多年来，双方建立了紧密的合作关系，协会依托中国建筑工业出版社出版教材和专著 100 余部，对丰富行业教材资源，提升行业从业人员整体素质和技能水平起到了重要的推动作用。

6.3 国际交流合作

协会积极开展国际合作交流，学习借鉴发达国家的成功经验，促进我国建设职业教育的改革发展。

6.3.1　与国外组织建立联系与合作

自 1997 年起，协会与德国汉斯 · 赛德尔基金会、德国国际继续教育和发展协会等多个德国机构合作，学习借鉴并系统引进德国“双元制”中等职业教育经验和“学习领域”课程设置模式，组织部分建设类职业院校，在建设和汽车等相关专业领域进行职业教育改革试点，制定了一套具有指导意义和可供推广使用的教学文件，有效促进了住房和城乡建设行业实用人才的培养。

期间，协会还先后组织赴东南亚、美国、加拿大、德国、比利时等地的短期交流和师资培训，共有千余名建设教育领域的管理人员、专家、骨干出国考察，开阔视野、启发思路，对我国建设教育的改革发展起到了促进作用。

协会还采取“请进来”的办法，在国内组织高端涉外培训。如与英国皇家仲裁师学会合作，在北京举办了“中英建筑纠纷与仲裁研修班”；与英国理工大学合作在上海举办了“建设外向型人才高级研修班”；与德国斯图加特大学合作在青岛举办了“污水处理”技术人员培训班等，为行业人才培养作出了贡献。

2022 年，中国建设教育协会与全球可持续投资联盟（GSIA）的核心成员 Techworth Consulting LLC.（简称“Techworth”）开展合作，双方在服务中国建设企业碳达峰碳中和人才培养、开展碳中和全流程咨询服务以及 ESG 相关标准体系本土化等方面开展全方位、多角度的深度合作，通过资源共享，将双方的专业优势、品牌优势转化为服务价值、社会价值和市场价值，共同携手打造中国建设企业的双碳人才开发服务知名品牌。年底，合作开展的“零碳”设计师培训项目顺利开班。

6.3.2　组织开展国际学术会议

1. 建设现代化与教育国际学术会议

党的十四大召开后，以建立社会主义市场经济体制为目标的改革开放加速推进，引起了国际广泛关注，一些国外机构和组织希望寻求与国内有关方面交流合作。建设部决定适时召开一次建设现代化与教育国际学术会议。这是中国建设教育面向 21 世纪，借鉴国外教育经验的重要活动。会议由建设部主办，部人事教育劳动司、中国建设教育协会与国际建筑联盟所属的教育委员会负责筹备。协会和部人事教育劳动司在一年多的时间里进行了周密策划，开展了大量组织、协调和准备工作。会议于 1996 年 10 月在北京举行，参加会议的代表约 400 人，其中有来自 38 个国家和地区的境外代表 245 人。会议期间，国务院副总理邹家华同志接见了部分会议代表，并作了重要讲话。建设部副部长毛如柏同志任组委会主席，在开幕式上作了主题演讲，并在闭幕式上作了讲话。

2. 第六届中国建设行业管理创新与国际合作大会

2011 年 4 月，由中国建设教育协会培训机构工作委员会和中国国际贸易促进委员会建设行业分会国际交流中心共同主办的第六届中国建设行业管理创新与国际合作大会在北京召开。近 200 位住房和城乡行业杰出管理者莅临大会，并紧密围绕“新形势、新挑战、新思维”主题，进行了全面、广泛、深入的探讨。

3. 中德合作绿色建筑专业技术研讨会

2017 年 9 月，中国建设教育协会与德国汉斯 · 赛德尔基金会联合举办了中德合作绿色建筑专业技术研讨会，来自 30 余家企业和院校的 60 多位代表参会。会议以“绿色建筑”为主题，旨在分享国内外主流绿色建筑标准、技术的最新发展动态，交流业界领先的节能保温施工技术，并围绕绿色建筑在设计、施工等方面的重点和难点问题进行广泛深入的探讨。

4. 第一届绿色建筑与能源国际会议

2021 年 12 月，由中国建设教育协会国际合作专业委员会主办，沈阳建筑大学与芬兰坦佩雷应用科学大学、德国达姆施塔特应用科学大学共同承办的第一届绿色建筑与能源国际会议采用线上会议形式召开，30 余家单位的 350 余人出席会议。会议邀请了中、芬、德等国内外业内知名专家在线上进行主题发言，分享绿色建筑和建筑节能发展的最新研究动态，交流绿色建筑和建筑节能领域前沿科技成果。

6.3.3 助力“一带一路”建设

自 2013 年“一带一路”倡议实施以来，协会积极发挥组织优势，整合各种资源，调动广大会员单位的积极性，引导其投入到“一带一路”建设的事业中来，成为共建、共享、共赢的利益共同体。

协会副理事长单位、普通高等教育工作委员会主任委员单位北京建筑大学于 2017 年发起成立了“一带一路”建筑类大学国际联盟，打造跨国界多校协同创新平台，截至 2020 年已有 27 个国家的 64 所高校成为联盟成员。协会副理事长单位上海城建职业学院整合校企优势资源，于 2017 年成立了上海“一带一路”建设技术学院。通过连续举办“一带一路”基础设施建设国际人才研修班，为沿线国家和地区专题培训了大批基础设施建设相关人才。

协会现代学徒制工作委员会主任单位广东建设职业技术学院积极参与中赞职业技术学院建设，共建“一带一路”鲁班学院研究中心，成为全国第一批、广东省第一所“走出去”办学的高职院校。

为增强“一带一路”沿线国家大学生之间的学术和文化交流，进一步提升建设教育教学国际化水平，中国建设教育协会与“一带一路”建筑类大学国际联盟联合举办了 2020 首届“一带一路”建筑类大学国际联盟大学生建筑与结构设计竞赛、2021 年“一带一路”国际联盟大学生建筑设计与数字建模竞赛。

第 7 章

社会服务

协会自成立以来，积极发挥自身在整合力量、调动资源和专业技术方面的优势，开展符合本会宗旨的社会服务事业，积极参加社会公益活动。

7.1 开展夏令营活动

为鼓励会员单位优秀在校大学生，搭建建筑类专业优秀大学生校际交流平台，提高大学生综合素质，协会自2010年起，组织开展面向全国在校大学生的公益性夏令营活动。截至2019年，共举办了10届，累计参与人数达600余人。活动从组织机构、人员构成、内容设计等方面，综合筹划，不断创新，构建了人才培养的“梯队化、层次化”，形成“传、帮、带”的良好育人格局。

2010年8月，首届全国高等院校建筑类专业优秀学生夏令营在北京举办。活动主题为“仰望星空、脚踏实地”。全国40所高等院校的69名建筑类专业优秀学生共同经历了一次丰富多彩的学习体验。夏令营开展了专题讲座、项目管理沙盘培训、素质拓展、才艺展示、北京文化之旅、联欢晚会等活动，促进了建筑类院校优秀学生间的相互交流与学习。

住房和城乡建设部领导以及专业领域内的知名专家高度重视此项活动。住房和城乡建设部原副部长王宁连续出席第四届、第五届夏令营活动，与营员见面交流座谈。在2014年第五届夏令营营地，副部长王宁参观了营员们制作的模型和视频，勉励大家：“大学的青春时光只有一次，应该好好珍惜。要勤于学习、敏于求知，注重把所学的知识内化于心，形成自己的见解，既要专攻博览，又要关心国家，担当社会责任。只有自己变得强大了，才能建设更强大的祖国，才能开拓出你们的建筑人生。未来是属于你们的，成功也必将属于你们”。住房和城乡建设部原纪检组组长姚兵为第二届夏令营活动作了题为“共和国建设者的责任”专题讲座，为第四届夏令营活动作了题为“新型建筑工业化对建设者的挑战”的专题讲座。同济大学教授丁士昭为夏令营作了“卓越工程师的培养”专题讲座。清华大学教授罗福午作了“关于建筑类专业学习和发展”专题讲座。

夏令营活动注重活动类型和营员构成的多元化。第四届夏令营活动期间，20 名（16 名优秀营员代表和 4 名工作人员）优秀代表赴中国台湾地区交流考察，参观了当地的工程类企业，并访问了台湾大学、中华大学等高校。2015 年，有 6 位来自中国台湾地区的建设类专业优秀大学生代表参加了第六届全国高等院校建筑类专业优秀学生夏令营活动。通过共同观看升旗仪式，瞻仰人民英雄纪念碑，参观国家博物馆、故宫博物院、长城、国家体育场、国家游泳中心等，开展了海峡两岸交流活动，使中国台湾地区的学生加深了对大陆的了解，开阔了眼界。

2019 年，夏令营活动迎来十周年，协会积极联合多家单位参与其中，在内容方面增加党史学习教育、爱国主义教育相关知识，开办劳模大讲堂，注重理论知识和社会实践相结合，传递社会正能量。营员构成在中职学生、高职、本科院校建设类专业优秀大学生的基础上，增加了贫困生、骨干青年教师和标杆青年产业工人等，既提升了夏令营的公益性，又扩大了交流内容的多样性。

协会通过总结办营经验认识到，办好夏令营活动，要争取与更多的机构和组织合作，要在活动中注入更多鲜活内容，要更加注重道德与法治教育，要增加爱国情怀培养和历史文化熏陶。后续夏令营活动在组织设计、人员构成上，都进行了改进与创新，进一步强化了夏令营的品牌效应。在夏令营组委会方面，协会联合相关企业，如广联达科技股份有限公司、苏州中亿丰建设集团、中国职工国际旅行社总社等，发挥其优势协办夏令营。通过夏令营活动，协会搭建了住房和城乡建设行业人才教育交流平台。历届全国高等院校建筑类专业优秀学生夏令营活动见表 7-1。

历届全国高等院校建筑类专业优秀学生夏令营活动　　表7-1

届数	主题	时间	地点
1	仰望星空、脚踏实地	2010 年 8 月 15~21 日	北京
2	责任、创新、风险	2011 年 8 月 13~21 日	北京
3	心怀梦想、描绘蓝图	2012 年 7 月 31 日	北京
4	梦想起航	2013 年 8 月 10~16 日	北京
5	开拓建筑人生	2014 年 7 月 30 日 ~8 月 8 日	北京

续表

届数	主题	时间	地点
6	激情、沟通、超越	2015年7月29日~8月6日	北京
7	科技引领时尚、创意改变未来	2016年8月5~14日	南京、苏州
8	大国工匠、建设未来	2017年8月13~19日	北京
9	大国工匠、建设未来	2018年7月30日~8月7日	广州
10	传承、创新、超越	2019年7月25日~8月3日	贵州、重庆

7.2 助力脱贫攻坚

协会坚定不移贯彻落实习近平总书记关于脱贫攻坚、乡村振兴的重要指示，在社会组织活动中始终注重党建引领与使命担当，制定扶贫计划，带领会员单位重点在承担公共服务、提供智力支持、实施帮扶项目、协助科学决策等方面开展行动，助力脱贫攻坚。2019年3月，协会党支部在秘书处组织召开扶贫工作动员大会，传达《深入学习贯彻〈习近平扶贫论述摘编〉工作方案》精神，学习《习近平扶贫论述摘编》，制定扶贫计划，开展公益扶贫行动。

2020年，针对甘肃省甘南藏族自治州舟曲县严重缺乏大型机械培训基地和师资资源的困境，协会建设机械职业教育专业委员会启动了技能培训帮扶计划，重点支持舟曲中等专业学校，实施“2020年第一期舟曲农村重点人才培训项目（挖掘机、装载机）”。协会建设机械职业教育专业委员会组织中国建筑科学研究院有限公司、北京建筑机械化研究院有限公司等单位，会同天水四海工程机械职业培训学校、天水安光驾驶员学校，克服新冠肺炎疫情影响和艰苦条件，进驻舟曲。本次项目有100多名学员参加培训。中组部驻舟曲扶贫工作组对培训工作成果予以高度肯定。

2021~2022年，协会建设机械职业教育专业委员会接续实施帮扶任务，搭建教学交流平台，举办“比武”活动，以赛促训，扩大社团服务受益面，树立良好口碑。协会建设机械职业教育专业委员会提炼“天水服务模式”用于中西部，免费配发协会统编教材，规范引导会员主体提供价值服务，开展订单培养，全力支持西部脱贫攻坚和技能脱贫行动。

借鉴“舟曲经验”，协会建设机械职业教育专业委员会还积极支持山西、湖南、河南等中西部乡村振兴项目。2021 年 7 月，协会派出专家加入中国建筑设计研究院有限公司偏关县帮扶团队，为乡村工匠提供实训授课服务。2021 年 10 月，协会协调服务资源，为郑州第七届职业技能竞赛起重装卸机械操作工（塔式起重机司机）大赛全程提供了专家指导与裁判服务。

协会技工教育工作委员会各会员单位积极响应国家精准扶贫战略，全力开展教育精准扶贫。2017~2019 年，湖南建筑高级技工学校积极与湘西土家族苗族自治州民政局、州扶贫办对接，分三批接受了慈爱园 26 名孤儿来校学习。“湘西孤儿技能帮扶模式”入选全球优秀减贫案例。

技工院校作为培训技能人才的一支重要力量，在加快建筑产业工人培养，满足乡村振兴在基础建设、人才储备方面的需求方面持续发力。自 2017 年起，湖南建筑高级技工学校面向脱贫攻坚阵地湘西土家族苗族自治州的青少年孤儿开展全日制技能帮扶，让贫困地区有技能培训需要的青少年获得系统学习机会，经过 4~5 年的理论和实践学习成为新时期建筑产业工人。在 4 年的技能扶贫过程中，以培养新时期建筑产业工人为目标，持续发力，实现了巩固拓展脱贫攻坚成果同乡村振兴有效衔接。同时，依托湖南建工集团，发挥学校专业优势，对 36 名孤儿在建筑施工技术、工程管理、建筑装饰装潢、水电安装、电梯技术等专业方面进行培养。截至 2021 年，第一批学生已经全部就业。

为丰富行业从业人员的法律知识，学习国家行业最新法律条文，协会联合分支机构与北京市建筑业联合会共同举办“最高人民法院建设工程施工合同新司法解释”解析及推进人民调解工作公益培训会议，获得了行政主管部门和参训企业人员的好评。

协会持续开展消费扶贫行动。自 2017 年以来，协会秘书处对青海省西宁市湟中区、大通县，湖北省麻城市、红安县进行定点扶贫，以协会名义捐款 4 万元。协会组织秘书处全体员工热心为贫困地区捐款、开展扶贫购物共计 10 余次，金额达 2 万余元。

7.3 助力复工复产复学

2020年初新冠肺炎疫情突发，按照国家要求，协会原定的多个竞赛和世界技能大赛国内预选赛暂停举办，各项培训同时陷入停顿状态。为应对疫情冲击，协会及时向全体会员单位和建设教育从业者发出《关于为打赢疫情防控阻击战做出积极贡献的倡议书》。为响应国家停工不停学的号召，协会克服疫情困难，用较短时间建成了“中国建设教育协会远程教育网”。在不到半个月的时间里，征集到26家院校和企业的1340个学习课件，免费为在校学生和企业员工提供了一个高质量、高水平的学习平台。为解决现场赛事无法组织举办的问题，协会与广联达科技股份有限公司、深圳市斯维尔科技有限公司等竞赛承办单位多次召开视频电话会议，商讨替代方案，研究把线下竞赛改成线上比赛的可行性和具体措施。同时协助承办单位制定线上比赛规则，解决技术问题。

2020年增加了“全国高校首届‘品茗杯’BIM应用毕业设计大赛”和“全国建筑类院校钢筋平法应用技能大赛”两项比赛，取得了良好效果。

2020年6月，为响应国务院联防联控机制联络组推动复工复产及教育部、湖北省联合开展的职业教育赋能提质专项行动，协会工作人员两赴武汉，实地制定详尽的湖北省职业教育提质赋能工作方案，推进落实无偿对湖北省高校未就业毕业生、退役军人、农民工等群体开展职业技能教育培训。

协会继续教育委员会根据住房和城乡建设部人事司要求，联合各会员单位共同开展了“凝心聚力，战疫有我”公益活动，发挥“住房和城乡建设行业从业人员教育培训资源库”的平台优势，组织从业人员在疫情防控期间开展居家上课、在线职业培训活动，贯彻落实“提升劳动者技能水平、减少疫情期间人员扎堆聚集、促进劳动者返岗就业”的指示精神，满足广大从业人员的学习需求。

高等职业与成人教育专业委员会与北京慧筑建筑科学研究院合作，采用线上方式，2020年在全国范围内举办了6场“智能建造中国行”大型公益教育线下活动，有3000余人参与其中，收到了良好效果。2021年，专委会又先后在上海市（4 月）、广州市（5 月）、银川市（5 月）、日照市（6 月）、哈尔滨市（7 月）举办了 5 场“智能建造中国行”大型公益教育线下活动。公益活动邀请业内一流专家承担授课任务，教学内容涵盖国家行业政策解读、智能建造内涵和定位解读、《职业教育目录 2021》、智能建造技术新专业设置研讨、智能建造应用案例分享、配套资源展示等方面，有 500 余名院校教师和业内人士参与了活动。

2020 年 6 月，在全国第十九个“安全生产月”来临之际，建筑安全专业委员会举办了中国建造高质量发展大型网络公益讲座。

新冠疫情以来，协会按照民政部《关于在行业协会商会领域组织开展“我为企业减负担”专项行动的通知》，针对受疫情影响严重的会员单位，实施会费减免政策，进一步减轻会员单位负担，激发会员活力。

第8章

协会自身建设

协会自成立以来，以党的建设为引领，不断加强制度建设、队伍建设、文化和信息化建设等，建立健全内部治理结构和运行机制，努力提升内部治理水平，促使协会运转更加高效，服务水平不断提升。

8.1 党建引领

中国建设教育协会坚持中国共产党的全面领导，根据党章规定，设立党支部，开展党的活动，为党支部的活动提供必要条件。

协会于 2000 年经建设部直属机关党委批准成立党支部，历经 7 届党支部委员会的领导，现有党员 19 人。脱钩以前，党的组织关系和党建工作先后由建设部直属机关党委、住房和城乡建设部社团第二党委管理；脱钩以后，党建工作机构是中央和国家机关工作委员会。

协会党支部在上级党组织的带领下，保证正确的政治方向，坚定理想信念，牢记宗旨观念，努力完成上级党组织交办的各项工作任务，积极发挥党员的先锋模范作用和党支部的战斗堡垒作用，团结凝聚群众，加强自身建设，为协会健康发展提供了坚强的组织保证。

8.1.1 发挥党组织政治核心作用

协会认真贯彻落实习近平新时代中国特色社会主义思想和党中央关于党的建设总要求和决策部署，全面推进党支部的政治建设、思想建设、组织建设、作风建设、纪律建设，把制度建设贯穿其中，紧密围绕实现中华民族伟大复兴的中国梦的伟大目标，立足协会实际情况，认真落实基层党组织建设工作，联系新形势新任务，组织全体党员开展了一系列集中学习教育活动。

自 2013 年起，党支部先后开展了党的群众路线教育实践活动、“三严三实”专题教育、“两学一做”学习教育、“不忘初心、牢记使命”主题教育、党史学习教育、党建工作质量三年攻坚行动。通过一系列学习教育和党建活动，协会全体党员不断增强“四个意识”、坚定“四个自信”、做到“两个维护”，的自觉性进一步提高。

8.1.2　组织建设

协会党支部高度重视党组织建设工作。从工作需要出发，综合考虑岗位需求和干部近年考核评价情况、工作实绩、发展潜力等因素，按照德才兼备、以德为先和结构合理的原则组建支部委员会。党支部分别于2002年、2007年、2012年、2016年、2019年、2022年换届。

2022年，在协会秘书处所有党组织关系应转尽转基础上，党支部在7月份完成换届改选，为加强党组织对协会的全面领导，充分发挥领导核心作用提供了有效的组织保障。新一届党支部委员会由支部书记、副书记、组织委员、宣传委员、纪检委员、统战委员、党支部办公室主任7名委员组成。理事长刘杰任党支部书记，副理事长代秘书长崔征任副书记。

随着协会发展壮大，党员人数不断增加，党支部于2021年上半年成立了3个党小组。2022年，为了进一步有效发挥党小组的作用，对其进行重新划分。调整之后，党小组在部门和年龄构成方面更加多样化，组织活力和战斗力进一步增强。

党支部书记认真落实“一岗双责”，管好班子、带好队伍。加强党务干部队伍建设，制定党建工作责任清单，明确职能分工，充分发挥支部委员和党小组长的作用。设立党务政务秘书，加强与上级党组织的联系，加强协会内部党政工作综合协调，加强督办落实，增强党支部工作的覆盖面和影响力。

按期进行党支部工作述职和党务公开，开展党员民主评议，及时办理党员组织关系转接，认真按时做好党费收缴和公示，完善党员信息台账管理，做好各类资料的收集、整理、归档和利用等工作。

做好党员发展与教育工作。注重入党积极分子的选拔和培养，在思想渗透上花精力，把文化程度高、品质优秀、综合素质好的年轻人吸纳入党，培养成才，担当重任。党的十八大以来，党支部发展新党员1名，截至2022年有入党积极分子4人。积极主动开展教育引导工作，完善党员干部教育培训体系，实行党支部、党小组、党员的联动学习机制。通过党员联系、组织教育、开展培训、交办任务、参加活动等多种形式，加强对入党积极分子的培养、教育、考察，不断提高其思想政治素质和业务水平。

2022 年 9 月，在中央和国家行业协会商会第一联合党委换届选举中，崔征当选新一届纪委委员。

8.1.3 制度建设

协会 2020 年脱钩以后，更加注重发挥党组织的领导核心作用，将党建工作写入《中国建设教育协会章程》，明确党支部在协会法人治理结构中的法定地位。

党支部重新修订和制定了 10 项党建工作制度、8 项党建工作岗位职责，分别是：党支部工作制度；党支部委员会工作制度；党支部委员会议事制度；党小组工作制度；党支部“三会一课”制度；党支部组织生活会制度；党支部主题党日制度；党支部党费收缴、使用与管理制度；党支部发展党员工作制度；党支部优秀共产党员和先进党小组评选管理制度；党支部工作职责；党支部委员会工作职责；党支部书记、副书记工作职责；党支部组织委员工作职责；党支部宣传委员工作职责；党支部纪检委员工作职责；党支部统战委员工作职责；党支部办公室主任工作职责。这进一步促进了党支部标准化规范化建设。

党支部把“三会一课”作为健全党的组织生活，严格党员管理，加强党员教育的重要载体，深入贯彻落实党中央重大决策部署，结合理论学习和主题教育，坚持定期召开党员大会、支委会、党小组会，开展讲党课系列活动。协会驻会负责人围绕“三严三实”专题教育、“不忘初心、牢记使命”主题教育、党史学习教育、党建工作质量攻坚三年行动，结合行业发展形势和协会工作情况，为党员及全体员工讲授党课。党支部通过座谈讨论、撰写心得体会、重温入党誓词、党史知识测评问答、观看反腐倡廉警示教育宣传片等方式，开展系列学习活动。

党支部建立了选树表彰优秀共产党员制度，培育宣传党员先进典型。在 2021 年庆祝中国共产党成立 100 周年之际，党支部首次开展优秀共产党员评选活动，推选了 3 名优秀共产党员。2022 年初，秘书处在民主评议党员中，评选出 2021 年度优秀共产党员 4 人，于“七一”主题党日活动中为优秀共产党员颁发荣誉证书。党支部以“身边的榜样”为题，在秘书处开展优秀共产党员先进事迹宣传。

8.1.4　党风廉政和纪律作风建设

协会党支部坚决贯彻落实习近平总书记关于纠正“四风”不能止步、作风建设永远在路上的重要指示精神，坚定不移贯彻落实中央八项规定和实施细则精神。按照上级决策部署，积极召开警示教育宣传动员大会，认真做好党建自查自纠工作。

2018 年，党支部按照《关于在部直属机关开展党的纪检工作专项自查整改的通知》要求，从履行全面从严治党和党风廉政建设主体责任、作风建设、警示教育和经常性纪律教育等方面开展纪检工作专项自查，分析存在问题，提出：一是要继续加强理论学习，提高思想政治觉悟；二是继续抓好党风廉政建设责任制的落实，强化内部监督，坚持领导干部述职述廉和干部职工自查自纠制度，把党风廉政建设与协会的业务工作一起落实到位；三是根据协会实际情况不断充实完善协会及党支部的各项规章制度，抓好制度落实，实现民主决策、依法决策、科学决策，不断提高管理水平。

党支部把合规建设作为协会自治自律的有效保障，于 2021 年开展相关课题研究工作。组织全体党员和员工学习党风党纪，加强对党员领导干部和关键岗位的党风廉政教育，协会中层以上领导干部及分支机构负责人参加“住房城乡建设部直属单位和部管社团监察对象全覆盖学习培训”，筑牢崇廉拒腐思想道德底线；同时，将作风建设落实到工作与生活的方方面面，实行全面预算管理，严控经费开支，严格公务接待，从简安排各项活动，提倡低调朴实的工作和生活作风；在重要节假日发送廉洁提醒，让党员干部经常受到警示教育；结合协会工作中容易发生违纪行为的风险点，特别是相对松散、自由度较高的岗位，上好“廉政”党课，时刻警钟长鸣，增强党员干部拒腐防变的思想政治自觉；抓好协会官网、公众号、微信群，论坛、年会等意识形态阵地的管理，严把政治方向关；对分支机构加强监督管理，避免发生违规违纪问题。

在历次巡视、巡查和审计中，协会未发现重大问题。

8.1.5 主题教育

1.“不忘初心、牢记使命”主题教育

2019 年 6 月，党支部按照上级党组织要求，开展“不忘初心、牢记使命”主题教育，制定《中国建设教育协会党支部“不忘初心、牢记使命”主题教育实施方案》。主题教育活动原则上与党员学习活动，包括深入学习理论学习交流会、党课、主题党日、组织生活会结合进行。活动内容安排如下：一是开展全面系统的理论学习。包括深入学习党的十九大报告和党章党规；深入学习《习近平关于“不忘初心、牢记使命”重要论述汇编》《习近平新时代中国特色社会主义思想学习纲要》；跟进学习习近平总书记最新重要讲话文章和重要指示批示精神；深入学习习近平总书记关于住房和城乡建设工作的重要讲话和重要指示批示精神；深入学习领会习近平生态文明思想。二是以庆祝“七一”为契机，开展主题党日活动。在活动日，全体党员重温入党誓词，紧扣“不忘初心、牢记使命”主题教育，采取有奖问答等形式丰富活动内容。三是协会领导班子紧扣主题教育要求，结合协会发展实际，围绕脱钩后的发展思路、党建工作，怎样提升协会的服务能力等讲党课。四是围绕协会脱钩、党建工作、体制机制、会员发展等方面内容，走访会员单位、分支机构、相关学协会，深入开展调研。五是结合前期主题教育开展情况，设置问题清单，认真检视反思，实现立整立改。六是开展“不忘初心、牢记使命”主题教育知识问答及专题民主生活会。2019 年全年，党支部按照工作计划有序开展主题教育，建立工作台账，按时上报活动材料，受到上级党组织的肯定。

按照《关于印发住房和城乡建设部“不忘初心、牢记使命”主题教育调查研究实施方案的通知》的要求，党支部于 2019 年 7 月 10 日召开专题会议，研究“不忘初心、牢记使命”主题调研工作。同时，党支部结合协会的宗旨与使命，开展“聚焦建设类人才培养现状与发展”主题调研工作。通过问卷调查、个别走访和座谈调研相结合的方式，最终于 10 月形成了《了解行业需

求 促进新时代建设教育高质量发展——聚焦建设类人才培养现状与发展的调研报告》，上报住房和城乡建设部社团第二党委，为上级业务主管部门决策提供参考依据。报告内容主要包括建设教育领域人才培养现状、建设类教育存在的主要问题、原因分析、行业人才培养对策与建议等四部分。党支部以培育和践行社会主义核心价值观为主线，聚焦建设院校德育和思想政治教育工作，准确把握师生思想动态，回应思想理论热点难点，探索创新工作理念和方式方法，推动建设教育为党育人、为国育才，实现高质量发展。

2. 党史学习教育

2021 年，为深入学习贯彻习近平总书记在党史学习教育动员大会上的重要讲话精神，落实《中共中央关于在全党开展党史学习教育的通知》，党支部按照上级党组织要求，把开展好党史学习教育作为重要政治任务，紧密结合实际，成立领导小组，强化顶层指导，制定学习教育实施方案及推进计划，通过系统化部署、多样化学习、多方式实践，助推协会高质量发展。党支部以党史理论学习为基础，以实践为根本，以服务为导向，做到三者有机结合，打造党史学习教育红色链条，开展了特色鲜明、形式多样的学习教育活动，推动党史学习教育深入人心。

一是创新党史理论学习交流形式。在每月的党史学习交流会上，进行“一会一课一交流”（党员大会、党课、党史学习交流研讨），并将党史理论学习与业务工作结合，将学习对象扩大到秘书处全体职工。全年党支部共计开展集中学习 7 次，党史交流研讨 7 次，发言 28 人次，覆盖所有党员；开展讲党课 5 次，观看党史学习教育视频 6 场次。各种类型的学习共计参与人数达 358 人次，其中党员及入党积极分子 238 人次，职工 120 人次。组织全体党员党史知识测试 1 次，及格率达到 100%。通过这种学习方式，全体党员、入党积极分子基本上人人都参与了交流发言，经过锻炼，在政治思想、理论水平、语言表达能力等方面有了一定的提高。

协会从领导班子到中层干部，积极参加每次的党史集中学习和交流。协会理事长、党支部书记、党支部副书记结合历史事件、党史学习体会和工作经历分别为大家上了主题为“学党史，见行动，向党的一百周年献礼”“从百年巨变中汲取力量——奋力开创协会工作新局面”“星火燎原，接续奋斗”“学习党的十九届六中全会精神——从党的百年奋斗重大成就和历史经验中汲取智慧力量”的党课，从多角度开展党史学习教育。

二是开展形式多样的学习与活动。组织全体党员职工赴红色教育基地学习实践 6 次，先后组织参观了“纪念中国人民志愿军抗美援朝出国作战 70 周年主题展览”、北京香山革命纪念地、中国人民抗日战争纪念馆、嘉兴南湖革命纪念馆、中央和国家机关党建工作成就展，组织赴中国共产党历史展览馆参观了“不忘初心、牢记使命”中国共产党历史展览；组织支部委员和党小组长参观中央礼品文物管理中心“友好往来 命运与共——党和国家领导人外交活动礼品展”；开展党员过集体政治生日主题党日活动，通过重温党史、集体宣誓、为党送祝福等环节，强化党员的宗旨意识，增强责任感和使命感。

三是学史力行践初心，积极为职工群众办实事。广泛开展“党史 +”实践活动。改善办公条件，定制工装，提升员工的精神面貌，营造良好的文化氛围；以员工过生日、党员过政治生日为契机，做好员工关怀；组织观看“党史”题材影视作品；将党史学习教育与团建活动相结合，组织职工体验京郊美丽乡村建设成果；开展合理化建议征集活动，了解党员、职工群众的需求，正确认识和对待群众的合理要求，切实解决反映的突出问题。

8.1.6 主题党日活动

党支部通过主题党日，落实“三会一课”制度，加强党员教育管理。特别是在 2019 年“不忘初心、牢记使命”主题教育、2020 年“不忘初心，弘扬优秀家风”“厉行节约，反对餐饮浪费”主题活动、2021 年党史学习教育、2022 年党建工作质量攻坚三年行动中，结合学习计划和实际情况，平均每月至少开展 1 次主题党日活动。其主要类型包括：集中学习思想理论知识，参观红色教育基地，结合业务开展主题讲座，抗疫扶贫，党风廉政教育，党务知识问答等。中国建设教育协会党支部主题党日活动情况见表 8-1~表 8-4。

中国建设教育协会党支部主题党日活动一览表（2019年）　表8-1

序号	日期	地点	参加人员	主题
1	2019 年 1 月 24 日	协会秘书处	全体党员	中国建设教育协会党支部工作总结会暨换届大会
2	2019 年 3 月 6 日	协会秘书处	全体党员及妇女职工	三八国际妇女节座谈会
3	2019 年 3 月 12 日	协会秘书处	全体党员、职工	扶贫工作动员会
4	2019 年 4 月 25 日	协会秘书处	全体党员、职工	幸福工程——救助贫困母亲行动捐款活动
5	2019 年 5 月 19 日	协会秘书处	全体党员、部分职工	党员扩大会议
6	2019 年 6 月 18 日	协会秘书处	全体党员	“不忘初心、牢记使命”主题教育动员大会
7	2019 年 6 月 28 日	协会秘书处	全体党员	党课：“践行‘不忘初心、牢记使命’，做合格共产党员，做优秀的自己”
8	2019 年 7 月 4 日	顺义焦庄户	全体党员、职工	迎七一，不忘初心、牢记使命，继承革命传统，争取更大光荣
9	2019 年 9 月 30 日	协会秘书处	全体党员	“两节”期间落实中央八项规定精神，纠正“四风”廉洁自律
10	2019 年 10 月 15 日	协会秘书处	全体党员	党课：“三新”新在哪?
11	2019 年 10 月 16 日	影院	全体党员、职工	组织观看电影《我和我的祖国》
12	2019 年 10 月 18 日	北京展览馆	全体党员、职工	参观“庆祝中华人民共和国成立 70 周年大型成就展”
13	2019 年 11 月 13 日	协会秘书处	全体党员	党支部爱心捐款活动
14	2019 年 12 月 2 日	协会秘书处	全体党员	党课：“不忘初心、牢记使命”党建基本理论和基本知识问答

中国建设教育协会党支部主题党日活动（2020年）　　表8-2

序号	日期	地点	参加人员	主题
1	2020 年 2 月 13 日	线上会议	全体党员	支部书记述职主题党日活动
2	2020 年 3 月	协会秘书处	全体党员、职工	“抗击疫情”主题党日活动
3	2020 年 4 月	协会秘书处	全体党员、职工	扶贫献爱心主题党日活动（一）
4	2020 年 5 月	协会秘书处	全体党员、职工	扶贫献爱心主题党日活动（二）
5	2020 年 6 月	线上会议	全体党员、入党积极分子	“集体政治生日，重温入党誓词”主题党日活动
6	2020 年 7 月 14 日	协会秘书处	全体党员	“不忘初心，弘扬优秀家风”主题党日活动
7	2020 年 8 月	协会秘书处	全体党员、职工	扶贫献爱心主题党日活动（三）
8	2020 年 9 月 24 日	协会秘书处	全体党员	“厉行节约，反对餐饮浪费”专题组织生活会
9	2020 年 10 月 26 日	协会秘书处	全体党员、入党积极分子	党课：建筑文化与新中国
10	2020 年 11 月 3 日	协会秘书处	全体党员、职工	爱国主义电影
11	2020 年 11 月 12 日	中央电视台	全体党员、入党积极分子	观看脱贫攻坚战时代楷模发布会
12	2020 年 12 月 22 日	协会秘书处	全体党员、入党积极分子	党课：纪检监察工作相关知识

中国建设教育协会党支部主题党日活动（2021年）　　表8–3

序号	日期	地点	参加人员	主题
1	2021 年 2 月 13 日	协会秘书处	全体党员、入党积极分子	2020 年党建工作述职大会
2	2021 年 3 月 16 日	军事博物馆	全体党员、职工	参观抗美援朝胜利 70 周年展览
3	2021 年 3 月 18 日	协会秘书处	全体党员、入党积极分子	组织生活会、民主评议党员暨 2021 年第一季度党课
4	2021 年 5 月 18 日	香山双清别墅	全体党员、职工	“重温赶考初心、争做时代先锋”党史学习教育
5	2020 年 5 月 27 日	协会秘书处	全体党员、职工	《中国共产党简史》学习交流会暨第二季度党课
6	2021 年 6 月 17 日	卢沟桥中国抗日战争纪念馆	全体党员、职工	参观中国人民抗日战争纪念馆
7	2021 年 6 月 29 日	协会秘书处	全体党员、职工	庆祝中国共产党成立 100 周年党史学习教育交流会暨优秀共产党员表彰大会
8	2021 年 7 月 1 日	协会秘书处	全体党员、职工	集体收看“庆祝中国共产党成立 100 周年大会现场直播”
9	2021 年 7 月 7 日	协会秘书处	全体党员、中层以上领导干部	组织收看“民政部、国家发展改革委、市场监管局联合召开乱收费专项治理网上会议”
10	2021 年 7 月 11 日	红船、南湖革命纪念馆	全体党员、职工	参观南湖革命纪念地
11	2021 年 8 月 6 日	协会秘书处	全体党员、入党积极分子	党史学习教育专题组织生活会暨第三季度党课
12	2021 年 8 月 30 日	协会秘书处	全体党员、入党积极分子	《习近平论中国共产党历史》前 20 篇学习交流会
13	2021 年 9 月 8 日	国家博物馆	全体党员、职工	参观“中央和国家机关党建工作成就展”
14	2021 年 11 月 12 日	协会秘书处	全体党员	“十九届六中全会精神”学习交流会
15	2021 年 12 月 17 日	中国共产党历史展览馆	全体党员、职工	参观“中国共产党历史展览馆”
16	2021 年 12 月 21 日	协会秘书处	全体党员、职工	2021 年党建工作总结大会暨第四季度党课暨党史学习交流会

中国建设教育协会党支部主题党日活动（2022年）　　表8-4

序号	日期	地点	参加人员	主题
1	2022年1月21日	协会秘书处	全体党员、入党积极分子	2021年党支部书记述职评议考核工作会暨主题党日活动
2	2022年3月25日	协会秘书处	全体党员、入党积极分子	“组织生活会和民主评议党员会议暨第一季度党课”主题党日活动
3	2022年4月25日	协会秘书处	全体党员、入党积极分子	党建工作质量攻坚三年行动动员会
4	2022年7月1日	协会秘书处	全体党员、入党积极分子	七一主题党日活动暨第二季度党课
5	2022年7月28日	协会秘书处	全体党员、入党积极分子	协会党支部换届选举党员大会
6	2022年9月28日	协会秘书处	全体党员、入党积极分子	“《习近平谈治国理政》第四卷学习交流会暨第三季度党课”主题党日活动
7	2022年10月17日	协会秘书处	全体党员、入党积极分子	“喜庆二十大，奋进新征程”——党的二十大报告学习心得交流会
8	2022年12月	线上	全体党员、职工	党的二十大报告知识问答

特色活动有:

1.“迎七一，不忘初心、牢记使命，继承革命传统，争取更大光荣”主题党日活动

2019 年，为庆祝中国共产党成立 98 周年，协会党支部组织全体员工走进顺义焦庄户抗日战争纪念馆，开展“迎七一，不忘初心、牢记使命，继承革命传统，争取更大光荣”主题党日活动。全体党员通过重温入党誓词、走地道等环节，切身感受中国人民伟大的抗战精神。

2. 线上集体政治生日组织生活会主题党日活动

2020 年 6 月 29 日，为庆祝中国共产党成立 99 周年，协会党支部举办第一次集体政治生日组织生活会。受新冠肺炎疫情影响，该会议以线上视频会议的形式开展。全体党员和入党积极分子共 18 人参加了会议。通过集体宣誓、为党员赠送寄语、谈心谈话等环节重温入党初心。

3.“追溯革命之源，传承红色革命精神”主题教育

2021 年 7 月 11 日，为庆祝中国共产党成立 100 周年，扎实推进党史学习教育，协会党支部组织秘书处全体党员、干部职工前往嘉兴南湖，开展“追溯革命之源，传承红色革命精神”的主题党日活动，瞻仰南湖“红船”，参观南湖革命纪念馆，感悟红船精神。通过此次活动，全体员工接受了一次生动的党性教育和精神洗礼。

4.“喜庆二十大，奋进新征程”——党的二十大报告学习心得交流会

2022 年 10 月 16 日，党支部组织全体党员职工收听收看党的二十大开幕盛况，认真学习大会报告。17 日，党支部组织召开“喜庆二十大，奋进新征程——党的二十大报告学习心得交流会”，协会党支部全体党员和入党积极分子集体学习二十大报告，领会核心精神。11 名党员、2 名入党积极分子结合亲身经历，分享了近十年感受到的国家、家乡、协会、物质、精神等方面的发展变化。会议强调，要坚持集体和自学相结合，内部辅导与外部培训相结合，党务知识和业务知识学习相结合，发展党员与党员教育相结合；要做到理论与实践相结合，充分思考党支部、党员、协会、职工在全面建设社会主义现代化国家、全面推进中华民族伟大复兴中的目标定位和发展思路，加强创新，加大落实。

8.1.7 党建工作质量攻坚三年行动

按照上级党组织要求，协会党支部于 2022 年 4 月启动支部党建工作质量攻坚三年行动。

协会党支部高度重视此次攻坚行动，在不同层面召开了四次学习动员会。一是 4 月 15 日召开支部委员会扩大会议，就贯彻落实党建工作质量攻坚三年行动方案作出安排，启动自查工作，制定党建工作质量攻坚三年行动实施方案和推进计划。二是 4 月 19 日召开理事长办公会，在协会秘书处中层领导以上传达会议精神，要求加强与业务工作深度融合，研究落实计划。三是 4 月 25 日组织全体党员召开党建工作质量攻坚三年行动动员会。会上通过了《中国建设教育协会党支部党建工作质量攻坚三年行动推进计划》，刘杰理事长作动员讲话。四是在 4 月 27 日的六届六次常务理事会上，协会党支部向常务理事及分支机构负责人传达了中央和国家机关工委行业协会商会第一联合党委关于党建工作质量攻坚三年行动的会议精神及协会党支部下一步工作部署。

2022 年 6 月，为加强党员有效管理，党支部要求在协会秘书处工作满 6 个月以上的正式党员须将党组织关系转入协会党支部。用时一个月，秘书处所有党员的组织关系均在协会党支部。这项工作是中国建设教育协会党建工作质量攻坚三年行动的重要成果。

8.1.8 群团工作

协会坚持“党建带群建，群建促党建”的基本思路，加强和改进对工青妇等群团组织的领导，充分发挥了群团组织在组织、引导、服务群众方面的作用，凝聚工青妇力量，以高质量党建带动党的群团工作高质量发展。

2022 年 1 月 21 日，协会成立工会，设 5 名委员，协会助理理事长、副秘书长兼远教部主任胡晓光任工会主席。工会注重维护职工的合法权益，帮助职工解决生产、生活中的困难。组织职工开展有益身心健康的文体活动，如健步走等，活跃职工业余生活。开展线上“小红花”系列活动，定期线上组织全体员工开展党的二十大报告、协会发展历程、业务工作、规章制度等系列知识问答，以及朗诵、书法、摄影、烹饪、插花等才艺展示活动，全体员工热情参与。

协会连续多年开展庆三八国际妇女节系列活动，包括学习“中国妇女第十二次全国代表大会”精神；了解“三八”国际妇女节相关知识；连续开展教师节主题活动。

8.2　规范管理

秘书处是理事会、常务理事会办事执行部门，也是协会日常运行管理的中枢机构。分支机构是协会开展业务的主体。加强秘书处和分支机构建设，是做好协会工作，服务主管部门、服务行业、服务会员单位的基础。

协会自成立以来，着眼于依法、规范、充分、高效运行，加强顶层设计，打基础、抓队伍，练内功，树形象，持续抓好组织建设、制度建设、队伍建设、文化和信息化建设，增强工作能力。

8.2.1　顶层设计

协会立足实际，着眼长远，将发展愿景与阶段性目标规划相结合，制定中长期规划、年度工作计划、半年工作计划，促进工作落实。

2008 年出台《中国建设教育协会 2009~2013 年发展规划》。该规划总结了 2002~2008 年协会发展的基本经验，分析了国家教育事业的改革和发展、政府职能转变为协会带来的机遇与挑战，确定协会的工作目标是：到 2013 年，把协会建设成组织体系比较完整，职能定位比较清晰，制度健全，行为规范，肯于学习，敢于创新，在建设行业中有较高信誉度、影响力和凝聚力，有可持续发展实力，特色鲜明的社会组织。

2016 年出台《中国建设教育协会“十三五”规划》。该规划回顾了

“十二五”期间协会工作的主要成绩和经验，明确存在问题，提出“十三五”期间协会发展的总体目标是：将中国建设教育协会建设成组织体系完整，职能定位明晰，制度健全、行为规范，政府认可、会员满意，企业尊重、社会赞誉，能够引领行业进步，有可持续发展实力的特色鲜明的一流协会。

2021 年出台《中国建设教育协会“十四五”规划》。该规划回顾了“十三五”期间协会工作取得的成绩，总结主要经验，分析问题不足，提出“十四五”期间协会的发展思路是：以推动协会高质量发展为主题，以服务政府、服务行业、服务会员为宗旨，以改革创新为动力，以制度和治理体系建设为依托，以行业需求为导向，以学术研究和平台搭建为抓手，以文化和数字化建设为支撑，以民政部 5A 级社会组织标准为参照，以参谋助手、桥梁纽带作用的发挥为评价，以工作业绩为根本，努力提升协会的公信力、创新力和影响力。发展愿景是：努力将中国建设教育协会建设成为政府和行业高度信任、社会认可、会员满意的“国内一流，国际有影响力”的 5A 级社会组织。“十四五”期间主要目标是：努力将中国建设教育协会建设成为具有更加健全完善的内部治理结构，具有更加优质高效的服务能力，具有创新活力和改革动力，能够代表广大建设、教育行业从业者的共同利益，能够引导建设教育事业发展，具有独特资源优势（建设、教育）的新时代中国特色行业教育一流协会。

自《中国建设教育协会“十四五”规划》出台以后，分支机构秘书处各部门逐项分解落实任务，后续协会培训中心、文化工作委员会、国际合作专业委员会等分别制定了“十四五”期间的专项规划，为今后五年的工作提供依据。

依据中长期规划，协会分解目标，做好年度工作计划和工作总结，指导全年工作。年初，秘书处各部门编制工作目标和工作任务，秘书长代表秘书处与各部门签订《年度工作目标责任书》。自 2021 年起，秘书处设定全年常规工作目标、年度特别目标、管理创新目标、协同工作目标等，明确部门工作任务，通过工作任务量化赋分方式，使各部门工作具备可考量性。再将年度工作任务计划与业绩考核拉通，实现了年度目标层层落实，人人有责。年中，召开半年总结会，检验工作落实情况，促进工作更好地完成。分支机构每年年初制定工作计划，上报秘书处，以此为依据，加强分支机构的活动管理和年度考核。

8.2.2　建章立制

协会注重建章立制抓规范，精细管理促发展。协会通过制度建设，使协会在各发展阶段的工作目标明确、责任明晰。

协会于 2003 年发布第一版《中国建设教育协会规章制度汇编》，于 2012 年发布第二版制度汇编。自第五届理事会开始，根据国家新的政策要求、协会新的发展变化，陆续修订和制定了一系列规章制度，于 2016 年发布第三版制度汇编。汇编内容涉及《中国建设教育协会章程》、行政管理类制度、业务管理类制度、财务管理制度等。

协会脱钩以后，按照党中央的决策部署、民政部的具体要求，通过一系列制度设计，建立以章程为核心的内部治理体系，健全内部治理结构，规范开展重大活动，规范分支机构的设立和管理，加强会员及人财务的管理，促使职能定位更加清晰明确、服务体系更加健全科学、决策体制和执行体制更加灵活高效，同时，通过制度设立，明确秘书处与分支机构、秘书处各部门之间的责任和关系，形成协调配合、相互联动的工作机制。

1. 行政管理制度

在行政管理制度方面，协会制定了《中国建设教育协会分支机构管理办法》《中国建设教育协会议事会议制度》《中国建设教育协会秘书处文件档案管理办法》《中国建设教育协会印章管理规定》《中国建设教育协会职业道德公约》《中国建设教育协会会员管理办法》《中国建设教育协会秘书处网站管理办法》等。

在协会层面，健全常态化会议机制，除了协会章程规定的会员代表大会、理事会、常务理事会以外，由秘书处牵头，召开理事长联席会议、分支机构座谈会、地方建设教育协会联席会议，充分发挥副理事长、常务理事、理事、专家学者的作用。在秘书处层面，2022 年，协会出台了《中国建设教育协会议事会议制度》，内容包括理事长办公会议、秘书长办公会议等会议制度，明确了不同层次会议的参会主体、决策内容和决策机制。在分支机构层面，按照协会章程及分支机构管理办法，建立了由主任工作会、常委扩大会、全委会构成的会议制度，分层级推进工作。

2. 人力资源管理制度

协会加强秘书处人事制度建设，在工作人员选拔、录用、培训、薪酬、福利、监督、退休等方面实现了更加科学的管理。协会制定了《中国建设教育协会秘书处部门及员工绩效考核管理办法（试行）》《中国建设教育协会秘书处超额完成绩效指标奖励管理办法（试行）》《中国建设教育协会秘书处薪酬管理办法（试行）》《中国建设教育协会秘书处员工职级管理办法（试行）》《中国建设教育协会秘书处人事档案管理办法》《中国建设教育协会秘书处劳动人事工资管理办法》《中国建设教育协会秘书处人员合同聘用管理办法》等管理制度。

协会通过人事管理制度，完善绩效考核流程，设计合理的激励机制，建立与协会发展相适应的薪酬分配体系及薪酬水平正常增长机制。协会明确员工在组织中所处位置、发展目标及所具备的条件，建立晋升路径始终向绩优人员倾斜的价值导向。根据形势和业务情况的发展变化，协会科学合理设置人员岗位，编制《人员岗位说明书》，做到定员、定编、定职数、定职责，为秘书处的建设与发展提供人才保证和智力支持。

协会高度重视事关职工切身利益的福利政策。按照国家政策，协会及时调整提高养老保险缴费基数、职工住房公积金缴费基数。从 2019 年开始，协会为员工建立企业年金，进一步增强了员工的获得感、幸福感、安全感。

3. 业务效能管理制度

为推动培训工作和教育教学科研工作高质量发展，协会制定了《中国建设教育协会专家委员会工作条例（修订）》《中国建设教育协会职业培训管理办法》《中国建设教育协会远程教育管理规定》《中国建设教育协会教育教学科研课题立项管理办法》《中国建设教育协会教育教学科研课题成果验收结题管理办法》《中国建设教育协会培训管理办法》等，进一步完善了教育教学科研管理和培训管理体系，促进了规范管理。协会制定了《中国建设教育协会大赛管理办法》，完善和规范了各类大赛的申请、实施、成果转换等事项，为各类大赛提供了制度保障。

协会从培训中心、协会分支机构、各培训机构长远发展的大局出发，对培训工作开展全面系统的自查和整改，制定了关于“住房和城乡建设领域专业技术管理人员”线上岗位培训管理的实施细则，针对具体业务和不同环节出台配套文件，建立了培训全过程质量监控体系和制度，确保各类培训合规合法、阳光透明。

在公文管理方面，协会出台了《中国建设教育协会公文管理办法》，进一步规范办文制度，严格办文程序，确保文稿质量。

4. 财务资产管理制度

协会严格执行中央八项规定及国家财经纪律，按照《民间非营利会计制度》进行会计核算，实行总会计师制度，建立和完善其他财务相关制度，发挥价值创造型管理职能。将分支机构账户纳入协会，单列科目、独立核算，统一管理。

（1）建立全面预算管理制度，促进协会资源优化配置。协会将预算指标分解到秘书处各部门，对部门业绩进行分析、考核和评价。同时在控制成本上下功夫，通过盘活资产、开源节流、降本增效，促进精细化管理，提高协会运营质量。

（2）建立经济活动分析管理制度，为决策提供科学依据和合理化建议。协会结合中心工作，依据财务决算和月度核算数据，建立半年、年度经济活动分析报告制度，提高财务分析的时效性、前瞻性和准确性。对工作中的薄弱环节和关键性问题进行专项分析，及时判断潜在风险和管理短板。

（3）健全资产财务管理制度。近年来，协会不断加强财务管理，秉承“完善制度、优化流程、提升效率”的原则，充分结合国家财经法规要求及自身管理需要，梳理和优化财务管理制度体系，制定和修订了中国建设教育协会《财务管理办法》《分支机构财务管理办法》《投资管理办法》《会计档案办法》《财务票据管理办法》，形成财务管理系统化、标准化、流程化的制度依据。

（4）协会根据《财政部关于加强行业协会商会与行政机关脱钩有关国有

资产管理的意见》，修订和制定了协会《固定资产及无形资产管理办法》《低值易耗品管理办法》，规范了从采购、验收、日常维护、盘点到报废、处置等资产的全过程管理流程和管理责任；制定了《费用报销管理规定》，规范了协会财务收支管理流程和费用报销流程。

（5）实现非营利组织免税资格认定。2019 年 9 月协会被认定为“具有非营利组织免税资格”单位，可享受企业所得税相关优惠政策，免税资格年度自 2018 年至 2022 年。同时，协会财务部门主动研究国税总局的最新政策，在秘书处和分支机构做好税收政策宣贯工作，解读国家税收优惠政策，提升了财务管理效益。

8.2.3 队伍建设

多年来，协会坚持党管干部、党管人才，注重打造一支忠诚、干净、担当的高素质专业化干部队伍。

一是始终把政治标准放在首位，坚持重品德、重才干、重业绩的用人导向。培养招聘相结合，选拔懂市场、懂经营、懂管理的干部员工。两名长期在协会一线工作、熟悉业务的员工担任了助理理事长职务，配合秘书长、驻会副理事长分管部分业务工作。二是持续优化干部队伍结构。按照人事相宜的配备原则，综合考虑干部年龄、专业结构等条件，选优配强干部队伍。三是重视青年员工发展规划，培养复合型人才。开展员工培训，提升员工综合素质和业务能力，建设学习型队伍。加强锻炼和使用，建立职业发展通道，把优秀的年轻干部放到关键岗位上经受锻炼、增长才干，为协会长远发展奠定了人才基础。四是加强员工考核。由人事部门制定工作方案，成立考察小组，履行考察、测评、公示等任用程序，出具考察报告。通过员工队伍建设，做到人尽其才，才尽其用，为协会高质量发展提供人才支撑。

8.2.4 文化建设

协会历来重视组织文化建设工作。建会之初，提出了“自律、自强、自力、互信、互济、互爱”的文化理念，三十年来，在六届理事会的带领下，不断传承创新，融入新发展理念，提升文化软实力，形成坚定的理想信念和文化内核，转化为员工的行为习惯，形成了脚踏实地、勤勤恳恳、勇于开拓、积极进取的工作作风，并融入具体工作中。

协会将党的建设、工青妇群团组织建设与协会文化建设相结合，营造良好的文化氛围。一是 2022 年，协会推出了全新 logo 和视觉识别系统设计，宣传协会文化。二是打造“党员之家”“工会之家”“青年之家”“妇女之家”，设立文化活动室，出台文体活动规章制度，确保党建团建活动有时间、有场地、有经费。三是通过内容有趣、形式活泼、参与性强的党建和团建活动，向员工传播协会理念，增强员工的使命感和归属感。四是营造和谐进取的文化氛围。从协会发展历程中，提炼、弘扬大家认可的价值观，在行为准则、形象礼仪、工作环境方面统一设计，形成阳光开朗、积极向上、奖勤罚懒、优胜劣汰的共识和理念，增强秘书处开展工作及各项活动的规范度、公开度、透明度，严格工作过程的监督与制约，切实防范风险，维护协会形象。

8.2.5　信息化建设

2018 年，协会启动信息化建设，制定实施方案，确定了以 PC 端、手机端、微信端三位一体的，集会员智能管理、分支机构活动管理等功能的信息化建设框架。2019 年，协会门户网站实现全新改版上线。

在此基础上，协会进一步推进办公、会员库、远程教育等系统的建设，其中包括：利用云计算、大数据、人工智能等先进互联网理念和技术搭建各方共享的、集学习、考核、能力评估、知识交流于一体的教育培训平台；搭建远程网络教育平台；启动线上办公系统，完善和充实在线服务功能，简化办事流程，实现日常事务网上办、掌上办。目前，协会秘书处、培训中心、20 个分支机构的工作、审批等均能通过网络办公系统处理。新冠肺炎疫情暴发之后，在居家办公期间，协会通过网络平台办公保证了机构的正常运转。同时，各分支机构进一步完善官网、公众号建设，加强了工作宣传。

下一步，协会将与时俱进更新学习和考试平台、远程教育平台的授课内容，扩大课程范围，规范课程管理，实现在线数字化课程录播和直播等功能；研究开发应用于多种移动终端的 VR、APP 等教育培训软件；通过多种措施，实现更高质量的全流程一体化在线授课，为建设教育提供更加便捷和规范的学习平台。

8.2.6 内部治理攻坚行动

根据党和国家对社会组织管理工作的重要部署，以及协会评估过程中发现的问题，协会于 2022 年 9 月启动内部治理攻坚行动，制定了百日攻坚行动工作计划及推进时间表。工作内容包括党的建设、制度建设、合规建设、分支机构和会员服务管理、文化和信息化建设等方面。9 月 22 日，协会召开内部治理动员大会，理事长刘杰作动员讲话，民政部社会组织管理局相关领导围绕“清理整治乱收费行为、清理整治乱评比达标表彰活动、清理整治分支机构管理乱象和防范化解重大风险”4 个方面作辅导报告。目的是通过此次行动，提高标准、完善制度、严格管理、提升质量，做到令行禁止、使命必达，营造敢于担当、清正廉洁的氛围，促进了协会向更高质量、更高水平的全国性社会组织迈进。

8.3 评估工作

协会分别于 2017 年、2022 年参加民政部全国性社会组织评估工作，梳理协会发展的基础条件、党建工作、内部治理、工作绩效、社会评价方面的情况，为协会做全面体检，明确发展思路。

2017 年 3 月，民政部对协会工作情况进行评估。评估组对协会工作给予充分肯定，认为协会内部治理起点高、规章制度比较健全、人员素质高、办事机构齐全、工作规范、业绩突出、特色工作影响力大。其中 BIM 工作起到行业引领作用，培训工作出色，《中国建设教育发展年度报告》内容翔实，并提出了协会今后需要加强和改进的方面。协会获评民政部 3A 级社团，可以优先接受政府职能转移，优先获得政府购买服务，优先获得政府奖励。

在 2017 年评估的基础上，协会按照评估意见，检视自身建设情况，通过多种途径，不断强化自我规范管理，提升发展能力。一是进一步巩固基础条件，做好登记管理；二是加强内部治理，完善组织机构，提升财务资产管理和档案管理能力；三是提升工作绩效，加强服务能力建设、会员管理；四是加大信息公开和宣传力度。

2022 年，协会再次参加全国性社会组织评估，秘书处全体工作人员和分支机构负责人共同参与，积极筹备相关工作。8 月 24 日，民政部对协会工作情况进行评估。现场反馈意见如下：一是协会内部治理规范程度较高。党建工作细致、完整、内容丰富；信息化建设具有明显成效，网上投票系统实用、现代。二是在工作绩效方面，较好地发挥了参谋助手作用，为政府、行业、会员单位提供了有效支持与服务。三是财务工作较为严谨，在财务制度建设、账务处理、支出管理等方面较为规范。民政部提出了今后需要加强和改进的意见建议：协会应在分支机构管理、档案管理方面更加规范严格；在行业发展规划、制定团体标准、开展国际合作交流、行业自律方面积极发挥作用；在会费收取方面更加高效严谨。11 月 28 日，协会获评 4A 级全国性社会组织。

8.4　脱钩工作

行业协会商会与行政机关脱钩，是党的十八届二中、三中全会确定的一项重要改革任务，是党中央、国务院作出的重大决策部署。协会全面贯彻落实党中央、国务院的部署，以及住房和城乡建设部的要求，认真做好有关各项工作，确保脱钩任务顺利完成。

8.4.1　协会与行政机关脱钩的总体部署和总体要求

2015 年 7 月，中办、国办印发《行业协会商会与行政机关脱钩总体方案》（以下简称《方案》），明确了脱钩的总体要求和基本原则、脱钩主体和范围、脱钩任务和措施、配套政策、组织实施等，为行业协会商会去行政化指明了方向。全国性行业协会商会脱钩试点工作由民政部牵头负责，2015 下半年到 2018 年先后开展了三批脱钩改革试点。

2019 年 6 月 17 日，国家发展改革委、民政部、中央组织部等十部门联合下发《关于全面推开行业协会商会与行政机关脱钩改革的实施意见》(以下简称《实施意见》)，明确按照去行政化的原则，全面实现行业协会商会与行政机关脱钩。《实施意见》进一步明确了脱钩改革的具体要求和操作办法，即按照“应脱尽脱”的原则全面推开脱钩改革，凡是符合条件并纳入改革范围的行业协会商会，都要落实“五分离、五规范”(实现机构分离，规范综合监管关系；实现职能分离，规范行政委托和职责分工关系；实现资产财务分离，规范财产关系；实现人员管理分离，规范用人关系；实现党建外事等事项分离，规范管理关系)，加快成为依法设立、自主办会、服务为本、治理规范、行为自律的社会组织，并要求行业协会商会脱钩改革于 2020 年底前基本完成。

按照国家关于协会与行政机关脱钩的总体部署，住房和城乡建设部对社团的管理不断深入和加强。2016 年住房和城乡建设部党组根据国家《方案》部署和要求，结合中央第六巡视组反馈意见，相继出台一系列规范社团管理的文件，印发了《中共住房城乡建设部党组关于进一步加强部管社团党建工作的意见》，指出要加强社团党建工作，要求领导干部在社团管理中要切实履行“一岗双责”，坚持从严从实，把党的工作融入社团运行和发展全过程，做到党的组织和党的工作全覆盖。《住房和城乡建设部部管社团负责人分类管理办法(试行)》和《住房和城乡建设部部管社团领导班子和负责人年度考核实施办法(试行)》，要求加强对协会内部领导班子及负责人的监督管理工作，从执行能力、服务能力、业务能力、党风建设等方面进行考核，充分调动协会领导班子及负责人的工作积极性。同年，为了进一步加强社团管理、规范社团行为，住房和城乡建设部下发《住房和城乡建设部人事司关于进一步加强部管社团培训办班管理的通知》，出台八项规定加强对部管社团培训办班管理，要求协会及时调整培训方向，规范培训行为。

2017 年 2 月，住房和城乡建设部召开社团负责人会议，副部长易军对社团工作面临的新形势做了重要分析，指出社会组织改革的总体思路：一是坚持市场化方向，优化结构和布局；二是坚持政会分开，社团要依法依规活动，政府要建立购买服务制度；三是坚持统筹协调，培育发展与规范管理并重；四是坚持自强自立，实现依法设立、自主办会、服务为本、治理规范、行为自律。他强调，当前行业协会与行政机关脱钩工作正在推进。脱钩之前，部党组要继续履行好管理职责；脱钩过程中，部里要做好指导和衔接工作；脱钩后，部里仍要按职能进行政策和业务指导，并履行相关监管责任。部管社团来自行业、依托行业、服务行业，在脱钩过程中，挑战与机会并存，一定要多一些底线思维、战略思维，真正花时间做好顶层设计、路径选择和措施安排，包括机制、运营方式等变革，进一步转变观念，真正走专业化、职业化、市场化、国际化之路。

8.4.2　协会脱钩工作有序推进

国家《行业协会商会与行政机关脱钩总体方案》中将中国建设教育协会列为第三批脱钩协会。自 2015 年下半年起，协会积极学习国家有关行业协会商会脱钩文件精神，2016~2019 年积极走访已脱钩的协会商会，了解脱钩工作需要注意的事项。在全国地方建设教育协会联席会上，邀请民政部有关领导对脱钩的整体要求、脱钩过程中和脱钩后的注意事项进行讲解。2019 年 6 月 19 日，协会驻会负责人参加了国家发展改革委、民政部组织的拟脱钩社团培训班，系统学习了脱钩工作程序和工作内容。

协会脱钩工作在住房和城乡建设部的领导下组织实施。2019 年 7 月 9 日，住房和城乡建设部召开脱钩工作会议，成立专门工作小组，统一布置脱钩工作，强调“坚持各负其责，分头开展工作”的原则，要求拟脱钩协会严把时间要求，积极稳妥，确保脱钩工作安全顺利完成。

2019 年 7 月 10 日，协会召开秘书处办公会议，集中学习国家发展改革委等十部委联合下发的《关于全面推开行业协会商会与行政机关脱钩改革的实施意见》和住房和城乡建设部的有关部署。会议决定，成立脱钩工作领导小组，牵头制定机构、职能、人员、党建、外事、国有资产等脱钩事项的具体实施办法，按程序报批后抓好落实。组织协会资产财务、人员脱钩事项摸底，提出政府购买服务清单草案，制订人员、资产财务管理和工作衔接等方面的风险预案。

2019 年 9 月 24 日，根据住房和城乡建设部统一要求，协会上报《中国建设教育协会脱钩实施方案》《全国性行业协会商会脱钩基本情况表》。脱钩实施方案从指导思想、主要目标、脱钩任务（机构分离、职能分离、资产财务分离、人员管理分离、党建分离、外事及港澳台事务分离）、扶持和监管措施、工作步骤、组织领导等方面准确把握改革任务和要求，逐项稳步做好各项脱钩工作。

1. 机构分离

通过机构分离，住房和城乡建设部不再作为中国建设教育协会业务主管单位。协会依法直接登记，修订完善《中国建设教育协会章程》，并据此独立运行，接受住房和城乡建设部及相关政府职能部门的监督管理。

2. 职能分离

通过职能分离，厘清中国建设教育协会的职能。脱钩后，协会全面贯彻落实党和国家关于促进建设教育事业持续健康发展的方针政策，积极为政府部门决策提供咨询服务，加强行业自律，服务建设教育事业发展，履行社会责任，扩大对外民间交往，同时完成住房和城乡建设部及相关政府职能部门交办的各项任务：

一是建设教育事业发展规划和人才标准拟制；

二是建设教育领域科技创新和改革成果推广应用；

三是建设教育领域调查研究和信息发布；

四是建设行业职业培训和专业咨询。

3. 资产财务分离

2019 年 12 月 6 日，协会参加了住房和城乡建设部计划财务与外事司组织召开的协会脱钩资产清查审计工作布置会，学习听取有关精神和具体要求。会后，协会秘书处办公室牵头组织做好清查审计配合工作，秘书处、分支机构积极配合住房和城乡建设部安排的协会脱钩资产清查审计，如实提供审计所需相关资产清查资料。

经过对协会各类资产的全面清查盘点，结果表明，协会的各项资产使用状况正常，账账相符，账实相符。至此，根据《行政事业单位资产清查核实管理办法》《住房和城乡建设部关于全面推开行业协会与行政机关脱钩资产清查工作方案》等有关规定，协会按时完成资产清查的主体工作，并通过了资产清查专项审计。

2020 年 1 月 10 日，根据中介机构出具的资产清查审计报告，协会向住房和城乡建设部脱钩工作领导小组报送《中国建设教育协会资产清查工作报告》及行业协会商会资产清查报表。

4. 党建分离

2020 年 2 月，按照中央组织部印发的《关于全国性行业协会商会与行政机关脱钩后党建工作管理体制调整的办法（试行）》、中央和国家机关工作委员会印发的《中央和国家机关脱钩行业协会商会党建工作接收办法（试行）》要求，协会党支部上报党建工作移交方案、党组织及党员基本信息等材料，由住房和城乡建设部直属机关党委配合中央和国家机关工作委员会做好协会党的关系转移相关工作。脱钩后，中国建设教育协会的党建工作机构是中央和国家机关工作委员会。

5. 外事及港澳台事务分离

2020 年 5 月 18 日，协会致北京市人民政府外事办公室外事（港澳）工作对接函。6 月 1 日，北京市人民政府外事办公室复函：按照外交部、国务院港澳事务办公室有关规定，承接协会外事和港澳事务的属地化管理与服务工作。

2020 年 10 月 14 日，住房和城乡建设部人事司转发了行业协会商会与行政机关脱钩联合工作组办公室下发的《关于中国勘察设计协会等 12 家全国性行业协会脱钩实施方案的批复》，协会于 2020 年 11 月按照住房和城乡建设部、民政部要求，办理完成脱钩变更、核准、备案和换证等各项手续。

第9章

建设类专业/学科普通高等教育发展

为了紧密结合住房和城乡建设事业改革发展的重要进展和对人才队伍建设提出的要求，客观、全面地反映中国建设教育的发展状况，中国建设教育协会从 2015 年开始，每年组织编制出版一本反映上一年度中国建设教育发展状况的分析研究报告，至今已经连续编制出版 7 个年度。本章对这 7 个年度中国建设教育发展年度报告中的建设类专业 / 学科普通高等教育统计数据进行摘要汇集，依此反映我国建设类专业 / 学科普通高等教育的发展状况。

本章统计数据的逻辑架构如图 9-1 所示。

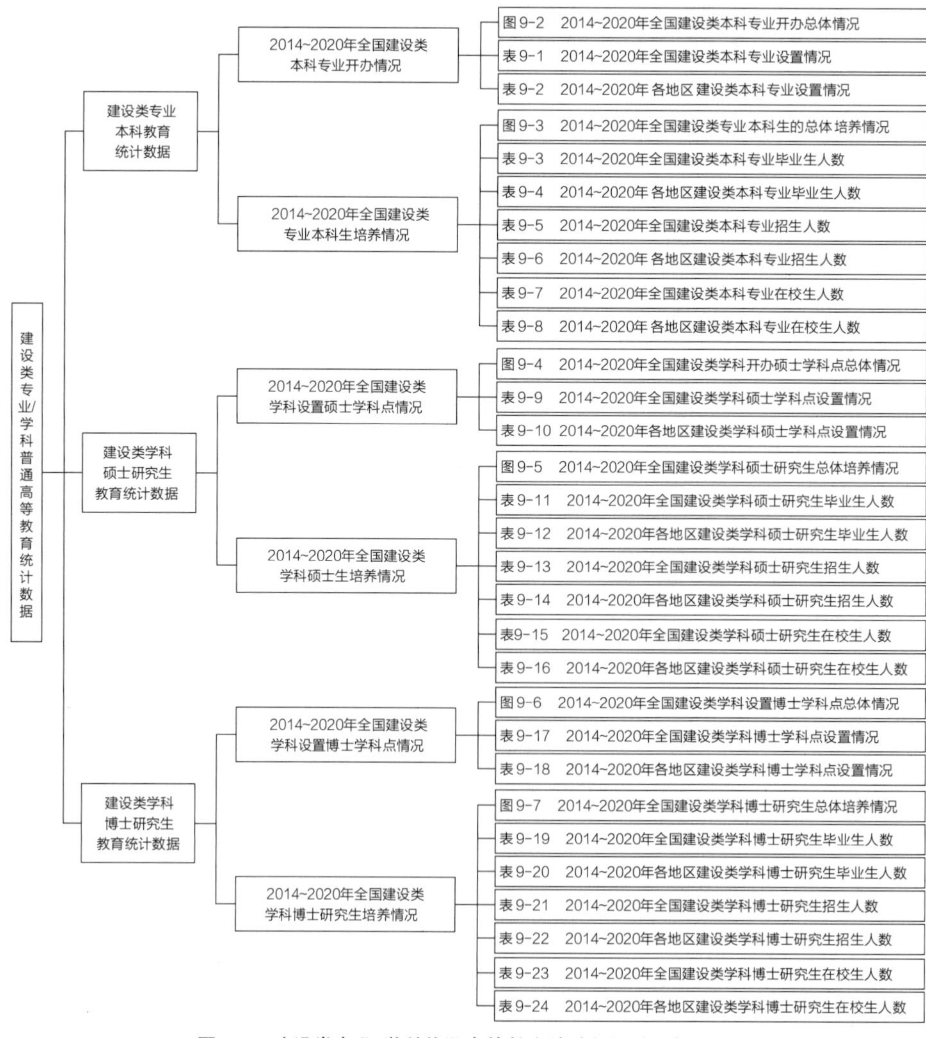

图9-1 建设类专业/学科普通高等教育统计数据的逻辑架构

9.1　建设类专业本科教育发展情况

9.1.1　2014~2020 年全国建设类本科专业开办情况

近年来，全国建设类本科专业开办数量呈现增长态势，从 2014 年的 2323 个增长到 2020 年的 2998 个，年均增长 4.62%，参见图 9-2。表 9-1、表 9-2 分别给出了 2014~2020 年全国建设类本科专业设置情况和各地区建设类本科专业设置情况。

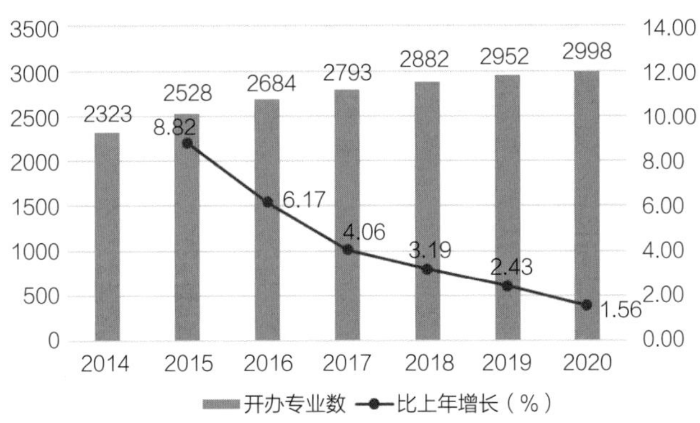

图9-2　2014~2020年全国建设类本科专业开办总体情况

2014~2020年全国建设类本科专业设置情况　　表9-1

专业类及专业	专业数量（个）						
	2014年	2015年	2016年	2017年	2018年	2019年	2020年
土木类	1048	1111	1164	1204	1241	1277	1300
土木工程	511	527	545	550	550	550	551
建筑环境与能源应用工程	177	183	184	190	189	192	193
给水排水科学与工程	158	166	175	184	184	183	180
建筑电气与智能化	62	71	82	84	90	90	84
城市地下空间工程	35	43	53	58	72	75	76
道路桥梁与渡河工程	44	53	63	76	81	85	88
铁道工程		1	3	6	8	9	10
智能建造					1	6	21
土木、水利与海洋工程						1	1

续表

专业类及专业	专业数量（个）						
	2014年	2015年	2016年	2017年	2018年	2019年	2020年
土木、水利与交通工程							1
土木类专业	61	67	59	56	66	550	95
建筑类	640	682	715	737	758	781	797
建筑学	272	282	292	293	302	303	306
城市规划	209	218	227	229	230	231	232
风景园林	119	134	152	169	184	196	198
历史建筑保护工程							8
人居环境科学与技术						1	1
建筑类专业	40	48	44	46	42	50	52
管理科学与工程类	613	665	723	761	786	794	802
工程管理	421	425	437	446	451	453	454
房地产开发与管理	57	63	71	74	80	77	75
工程造价	135	177	215	241	255	264	273
工商管理类	22	26	30	33	33	37	34
物业管理	22	26	30	33	33	37	34
公共管理类		44	52	58	64	63	65
城市管理		44	52	58	64	63	65
总计	2323	2528	2684	2793	2882	2952	2998

2014~2020年各地区建设类本科专业设置情况 **表9-2**

地区	专业数量（个）						
	2014年	2015年	2016年	2017年	2018年	2019年	2020年
北京	67	78	82	81	84	86	87
天津	32	41	41	41	42	46	48
河北	133	132	147	159	165	167	169
山西	38	41	51	53	56	59	60
内蒙古	40	41	42	43	44	44	48
辽宁	116	121	123	127	130	131	131
吉林	71	77	80	84	89	89	91

续表

地区	专业数量（个）						
	2014年	2015年	2016年	2017年	2018年	2019年	2020年
黑龙江	82	85	87	87	90	90	89
上海	40	39	40	39	43	43	44
江苏	197	211	209	213	208	213	213
浙江	109	122	125	129	129	129	128
安徽	93	102	107	105	110	111	114
福建	75	86	96	105	108	112	117
江西	88	98	103	108	110	112	111
山东	127	141	149	157	170	170	175
河南	152	165	191	201	208	216	218
湖北	149	165	170	183	186	193	195
湖南	121	125	125	129	135	139	140
广东	92	103	102	106	112	115	120
广西	42	48	59	60	66	68	69
海南	10	11	12	13	14	13	15
重庆	55	62	65	70	72	75	75
四川	101	117	129	134	136	145	144
贵州	43	49	57	59	61	62	64
云南	52	60	72	75	79	79	82
西藏	7	6	6	6	6	6	6
陕西	104	112	122	128	129	137	139
甘肃	44	47	49	50	51	52	53
青海	6	6	6	7	7	6	6
宁夏	16	15	16	17	18	19	20
新疆	21	22	21	24	24	25	27
合计	2323	2528	2684	2793	2882	2952	2998

9.1.2　2014~2020 年全国建设类专业本科生培养情况

图 9-3 给出了 2014~2020 年全国建设类专业本科生的总体培养情况。表 9-3、表 9-4 分别给出了 2014~2020 年全国建设类本科专业毕业

生人数和各地区建设类本科专业毕业生人数；表 9-5、表 9-6 分别给出了 2014~2020 年全国建设类本科专业招生人数和各地区建设类本科专业招生人数；表 9-7、表 9-8 分别给出了 2014~2020 年全国建设类本科专业在校生人数和各地区建设类本科专业在校生人数。

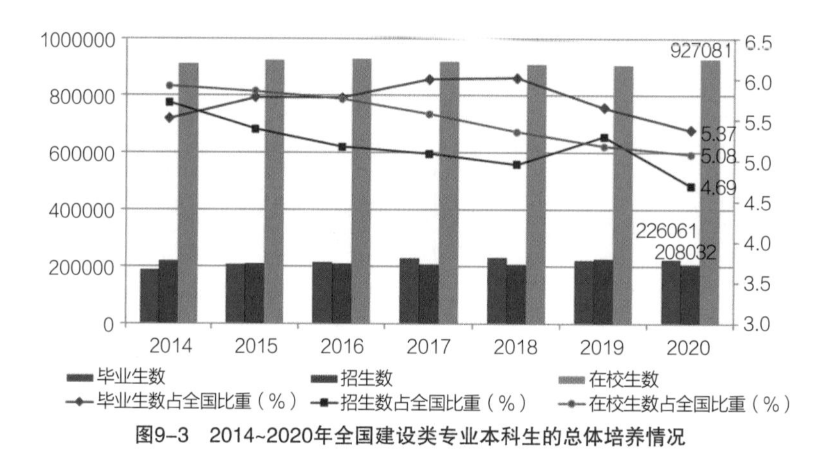

图9-3　2014~2020年全国建设类专业本科生的总体培养情况

2014~2020年全国建设类本科专业毕业生人数　　表9-3

专业类及专业	毕业生人数						
	2014年	2015年	2016年	2017年	2018年	2019年	2020年
土木类	118056	128717	130931	135408	131755	122319	122695
土木工程	94025	102191	102630	104686	99489	88829	87300
建筑环境与能源应用工程	9116	9872	10635	11667	11600	11538	11542
给水排水科学与工程	8455	9586	10290	10839	10972	11053	11293
建筑电气与智能化	1904	1979	2119	2966	3448	3902	3926
城市地下空间工程	609	1034	1395	1766	2099	2501	3067
道路桥梁与渡河工程	1891	2307	2557	3480	4004	4345	5128
铁道工程		0	0	0	0	76	233
智能建造					0	0	0
土木、水利与海洋工程						0	0
土木、水利与交通工程							0
土木类专业	2056	1748	1305	4	143	88829	206
建筑类	27006	28755	31007	32556	34096	33885	35268
建筑学	15097	16143	17484	18340	18445	17505	16838

续表

专业类及专业	毕业生人数						
	2014年	2015年	2016年	2017年	2018年	2019年	2020年
城市规划	7766	8025	8216	8657	8957	8586	9034
风景园林	2547	3063	4097	5211	6694	7741	9221
历史建筑保护工程							147
人居环境科学与技术						0	0
建筑类专业	1596	1524	1210	348	0	53	28
管理科学与工程类	41358	48273	52510	60586	64667	64181	64755
工程管理	33317	38795	42190	42260	40908	37604	36113
房地产开发与管理	1573	1824	1983	2372	2928	2788	3065
工程造价	6468	7654	8337	15954	20831	23789	25577
工商管理类	804	721	665	776	738	935	1040
物业管理	804	721	665	776	738	935	1040
公共管理类		699	931	1151	1469	1676	2258
城市管理		699	931	1151	1469	1676	2258
总计	187224	207165	216044	230477	232725	222996	226016

2014~2020年各地区建设类本科专业毕业生人数　　表9-4

地区	毕业生人数						
	2014年	2015年	2016年	2017年	2018年	2019年	2020年
北京	4078	4258	4466	4686	4538	4260	4099
天津	3072	3884	4000	3870	3577	3540	3636
河北	12960	12325	12902	13246	12998	12241	12731
山西	1754	2253	2603	3318	4003	5328	5582
内蒙古	2982	3106	2862	3082	3110	3205	3256
辽宁	7728	7970	8446	9531	10047	8893	8582
吉林	5914	6755	6668	7974	7496	7845	7406
黑龙江	6264	7363	6990	6776	6505	6092	6562
上海	2960	2804	2735	2666	2775	2554	2617
江苏	15041	15871	14857	15405	15961	16211	16277
浙江	6879	6991	7172	7154	7261	7173	6989

续表

地区	毕业生人数						
	2014年	2015年	2016年	2017年	2018年	2019年	2020年
安徽	6808	7124	7612	8266	9007	9126	9620
福建	5933	6914	7334	8737	8780	8366	9028
江西	6506	7297	8773	9197	9115	7577	7168
山东	11419	13111	14049	14250	13497	12851	14608
河南	12238	14107	15825	18394	19642	20017	20338
湖北	11409	12881	13537	13996	13582	12321	11096
湖南	12569	13421	13334	13129	12923	11719	11843
广东	6625	7435	8421	9737	9289	9230	9279
广西	3164	3790	4288	4444	5333	5682	6558
海南	1141	1597	1622	1353	1385	1189	1187
重庆	6286	7453	8495	8591	8495	8221	7004
四川	11884	13064	12935	13056	12698	13196	13380
贵州	1999	2140	2383	4062	4327	3752	4433
云南	2576	3298	3436	4945	5769	5635	6100
西藏	218	123	145	169	157	195	111
陕西	9588	11984	12191	12273	11820	9701	9317
甘肃	4755	4916	5080	5110	5261	4362	4579
青海	425	510	408	550	535	503	550
宁夏	1000	1344	1333	1499	1701	951	989
新疆	1049	1076	1142	1011	1138	1060	1091
合计	187224	207165	216044	230477	232725	222996	226016

2014~2020年全国建设类本科专业招生人数 **表9-5**

专业类及专业	招生人数						
	2014年	2015年	2016年	2017年	2018年	2019年	2020年
土木类	125645	118052	117325	117597	118455	127898	118462
土木工程	88005	77177	73326	71238	66823	73443	62430
建筑环境与能源应用工程	11297	11145	10813	10692	10197	9659	9364
给水排水科学与工程	10339	10606	10894	10419	10108	9213	9130

续表

专业类及专业	招生人数						
	2014年	2015年	2016年	2017年	2018年	2019年	2020年
建筑电气与智能化	3526	3866	4128	4130	4485	4485	4044
城市地下空间工程	1956	2333	2681	3009	3485	3212	3147
道路桥梁与渡河工程	3364	3625	4377	4823	5139	4517	4418
铁道工程		80	272	684	701	607	602
智能建造					31	312	898
土木、水利与海洋工程						347	145
土木、水利与交通工程							40
土木类专业	7158	9220	10834	12602	17486	73443	24244
建筑类	33606	34190	35561	35865	36970	38995	38676
建筑学	16403	15503	15274	14914	15025	15252	15210
城市规划	8966	8685	8632	8348	8137	8416	7601
风景园林	6272	7145	8597	8741	9181	9683	9459
历史建筑保护工程							206
人居环境科学与技术						0	62
建筑类专业	1965	2857	3058	3862	4627	5644	6138
管理科学与工程类	55887	54634	53693	52074	50065	57972	47668
工程管理	35710	31310	29419	27891	25873	30779	23700
房地产开发与管理	2898	3076	3163	2912	2761	2444	2099
工程造价	17279	20248	21111	21271	21431	24749	21869
工商管理类	989	1238	1170	1371	1440	1487	1354
物业管理	989	1238	1170	1371	1440	1487	1354
公共管理类		1631	1901	1957	2331	2083	1872
城市管理		1631	1901	1957	2331	2083	1872
总计	216127	209745	209650	208864	209261	228435	208032

2014~2020年各地区建设类本科专业招生人数　　表9-6

地区	招生人数						
	2014年	2015年	2016年	2017年	2018年	2019年	2020年
北京	4324	4257	3946	3840	3814	3843	3657

续表

地区	招生人数						
	2014年	2015年	2016年	2017年	2018年	2019年	2020年
天津	2930	3318	3488	3665	3995	3623	3277
河北	12637	11645	12076	12170	12520	13697	13034
山西	3793	5007	4861	4599	4139	4975	4599
内蒙古	3125	3107	3157	3020	2944	3336	2926
辽宁	10140	8699	8118	8416	8562	9125	8978
吉林	7092	7536	7127	7084	7408	7645	7096
黑龙江	6160	6035	6308	6081	6428	6850	6419
上海	2368	2161	2183	2286	2767	2418	2353
江苏	15028	15703	15905	15919	15523	17171	16004
浙江	6554	7118	7006	6729	7227	7703	7196
安徽	8651	9195	9151	8812	8868	9226	9188
福建	7968	7998	8359	8419	8590	8739	8178
江西	8737	7495	7053	7308	6974	6845	6662
山东	12343	12069	13399	13464	12679	13434	11646
河南	15802	15434	16254	16309	17287	21674	17746
湖北	12498	11323	10284	10225	9121	10232	8658
湖南	12006	11100	11333	11433	11964	12413	12341
广东	9258	9640	9372	9593	9350	9933	9220
广西	4288	4674	5317	5163	5593	7119	5400
海南	1364	1207	1199	929	827	965	829
重庆	8112	7464	6156	6218	5310	5831	5695
四川	11095	12051	12759	12618	12396	12906	12119
贵州	4069	3184	3846	4048	3823	4573	3820
云南	5460	5145	4913	4592	4498	6499	4361
西藏	199	195	124	158	202	249	230
陕西	11098	9274	8507	8419	8563	9397	8747
甘肃	5350	4472	4600	4491	4710	4728	4181
青海	545	528	510	429	468	562	463
宁夏	1834	1417	1075	937	944	913	883
新疆	1299	1294	1264	1490	1767	1811	2126
合计	216127	209745	209650	208864	209261	228435	208032

2014~2020年全国建设类本科专业在校生人数　　表9-7

专业类及专业	在校生人数						
	2014年	2015年	2016年	2017年	2018年	2019年	2020年
土木类	530804	526407	517484	502292	492657	489310	498381
土木工程	401501	388127	368753	348440	329044	319668	324171
建筑环境与能源应用工程	43161	45569	46622	46883	45478	44058	43906
给水排水科学与工程	40748	42918	45050	44752	44302	42940	42169
建筑电气与智能化	11025	12792	14845	15632	16646	16888	17083
城市地下空间工程	6187	7765	9205	10713	12759	14155	14977
道路桥梁与渡河工程	11632	13353	15995	17994	20743	21493	22406
铁道工程		80	352	1028	1702	2329	2857
智能建造					31	345	1274
土木、水利与海洋工程						347	145
土木、水利与交通工程							40
土木类专业	16550	15803	16662	16850	21952	319668	29353
建筑类	153801	158296	162484	164450	166448	170655	174951
建筑学	86805	87325	86768	84501	82180	81308	82609
城市规划	40831	40950	41452	41522	41593	42099	42504
风景园林	18763	23763	29613	33557	36802	39676	40951
历史建筑保护工程							927
人居环境科学与技术						7	139
建筑类专业	7402	6258	4651	4870	5873	7565	7821
管理科学与工程类	213959	229009	238569	240029	236710	232321	239898
工程管理	157234	153538	146895	139665	130825	124346	125885
房地产开发与管理	9210	10562	11649	11396	11582	10878	10139
工程造价	47515	64909	80025	88968	94303	97097	103874
工商管理类	3636	3822	3737	4312	4605	5430	5196
物业管理	3636	3822	3737	4312	4605	5430	5196
公共管理类		5161	6192	7063	8176	8709	8655
城市管理		5161	6192	7063	8176	8709	8655
总计	902200	922695	928466	918146	908596	906425	927081

2014~2020年各地区建设类本科专业在校生人数 表9-8

地区	在校生人数						
	2014年	2015年	2016年	2017年	2018年	2019年	2020年
北京	18190	18988	18624	17578	17121	16992	17028
天津	14365	15762	15450	15299	15763	15950	15773
河北	53482	51405	51486	50903	51220	52134	54676
山西	12005	15211	17629	19361	19973	19529	19690
内蒙古	12548	12679	12930	12966	12959	12832	13125
辽宁	38632	38394	38441	37367	36098	36248	37134
吉林	29496	30650	31000	30191	30990	30976	31128
黑龙江	27905	26894	26531	25861	25798	26423	26549
上海	11596	11455	11178	11213	11529	11433	11570
江苏	63676	64967	66270	67153	66595	66722	67168
浙江	29884	31414	31232	30534	30681	30758	31425
安徽	33150	35552	37412	37980	38106	38175	38295
福建	32709	34277	36099	36016	36175	35825	35973
江西	34906	35483	33820	31963	29782	28941	30548
山东	55106	55412	55709	56066	56359	56330	56927
河南	63905	69172	72871	74935	76722	77662	79996
湖北	55095	54359	51357	48783	44377	42245	43156
湖南	54349	52947	51596	49969	49146	49369	50600
广东	37204	39727	40090	39772	39624	39789	40840
广西	17337	19033	20928	22791	24416	25536	26672
海南	5879	5455	5359	4891	4305	3999	3737
重庆	33920	34531	32908	31425	28560	25970	26924
四川	50771	52085	52992	52992	53569	52382	53970
贵州	13094	14368	16738	17011	17043	17810	18013
云南	18151	20272	21670	21978	21946	22563	23394
西藏	740	729	696	678	725	761	861
陕西	49553	47111	43792	39984	37815	37644	38939
甘肃	20883	20573	20066	19469	18913	18993	19332
青海	2149	2221	2256	2112	2051	2068	1980
宁夏	6314	6234	6037	5274	4343	3840	3843
新疆	5206	5335	5299	5631	5892	6526	7815
合计	902200	922695	928466	918146	908596	906425	927081

9.2　建设类学科硕士研究生教育情况

9.2.1　2014~2020 年全国建设类学科设置硕士学科点情况

2014~2020 年，全国建设类学科设置硕士学科点总体情况如图 9-4 所示。表 9-9、表 9-10 分别给出了 2014~2020 年全国建设类学科硕士学科点设置情况和各地区建设类学科硕士学科点设置情况。

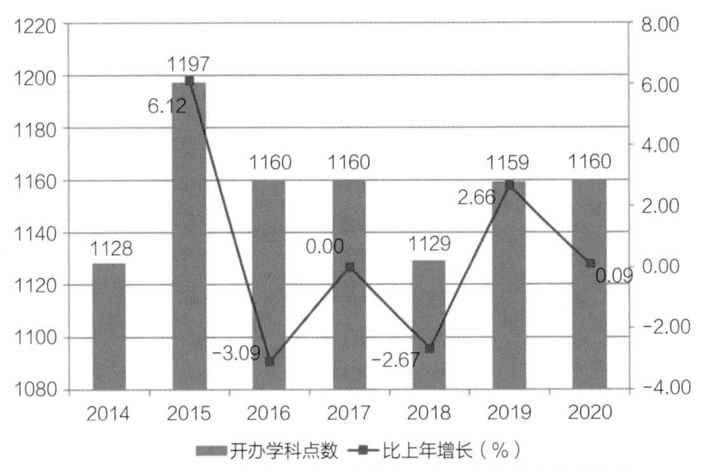

图9-4　2014~2020年全国建设类学科开办硕士学科点总体情况

2014~2020年全国建设类学科硕士学科点设置情况　　表9-9

学科点类别	学科点数量（个）						
	2014年	2015年	2016年	2017年	2018年	2019年	2020年
学术型学位	1128	1108	1044	1035	998	1008	996
工学	913	893	813	800	763	766	757
土木工程	643	611	594	577	545	537	533
结构工程	131	114	108	100	95	87	81
岩土工程	118	104	98	95	85	81	78
桥梁与隧道工程	77	76	75	72	68	62	61
防灾减灾工程及防护工程	98	84	79	73	63	64	61
市政工程	78	76	72	68	68	63	64

续表

学科点类别	学科点数量（个）						
	2014年	2015年	2016年	2017年	2018年	2019年	2020年
供热、供燃气、通风及空调工程	71	67	66	65	64	61	60
土木工程学科	70	90	96	104	102	119	128
建筑学	149	122	98	97	92	97	95
建筑学学科	54	56	56	56	54	70	70
建筑技术科学	25	15	9	9	9	7	7
建筑设计及其理论	46	37	24	23	21	14	6
建筑历史与理论	24	14	9	9	8	6	12
城乡规划学	59	62	58	60	60	68	67
风景园林学	62	64	63	66	66	64	62
风景园林（农学）			1				
管理学	215	215	230	235	235	242	239
管理科学与工程	215	215	230	235	235	242	239
专业学位		259	116	125	131	151	155
工学				64	70	69	73
岩土工程					4		
建筑学		34	34	40	41	41	44
城市规划		22	23	24	25	28	29
农学		51	59	61	61	82	82
风景园林		51	59	61	61	82	82
工程		186					
总计	1128	1367	1160	1160	1129	1159	1151

2014~2020年各地区建设类学科硕士学科点设置情况　　表9-10

地区	硕士学科点数量（个）						
	2014年	2015年	2016年	2017年	2018年	2019年	2020年
北京	121	137	123	123	123	125	121
天津	36	56	48	44	43	41	41
河北	43	50	37	38	39	41	41

续表

地区	硕士学科点数量（个）						
	2014年	2015年	2016年	2017年	2018年	2019年	2020年
山西	13	16	11	11	10	11	12
内蒙古	20	26	24	20	16	16	15
辽宁	63	69	64	65	65	63	62
吉林	30	41	28	27	25	29	25
黑龙江	37	48	39	32	38	38	38
上海	31	37	35	38	36	38	40
江苏	107	134	110	112	108	119	120
浙江	29	39	27	32	30	31	38
安徽	38	42	36	37	36	39	39
福建	28	34	28	34	33	32	32
江西	26	39	30	32	29	36	37
山东	65	74	65	66	64	60	60
河南	42	55	50	49	44	42	44
湖北	78	87	75	75	72	75	76
湖南	42	45	40	41	44	42	40
广东	48	60	51	52	51	50	48
广西	17	19	15	15	16	16	16
海南	3	4	4	4	5	7	7
重庆	23	29	26	26	25	25	25
四川	57	63	50	45	43	42	37
贵州	7	11	9	9	8	7	7
云南	18	26	25	25	25	26	26
西藏		1		1		1	0
陕西	72	88	79	76	70	71	67
甘肃	25	23	23	23	24	27	25
青海	1	2	1	1		2	2
宁夏	3	4	3	3	3	3	3
新疆	5	8	4	4	4	4	7
合计	1128	1367	1160	1160	1129	1159	1151

9.2.2 2014~2020 年全国建设类学科硕士研究生培养情况

图 9-5 给出了 2014~2020 年全国建设类学科硕士研究生总体培养情况。表 9-11、表 9-12 分别给出了 2014~2020 年全国建设类学科硕士研究生毕业生人数和各地区建设类学科硕士研究生毕业生人数；表 9-13、表 9-14 分别给出了 2014~2020 年全国建设类学科硕士研究生招生人数和各地区建设类学科硕士研究生招生人数；表 9-15、表 9-16 分别给出了 2014~2020 年全国建设类学科硕士研究生在校生人数和各地区建设类学科硕士研究生在校生人数。

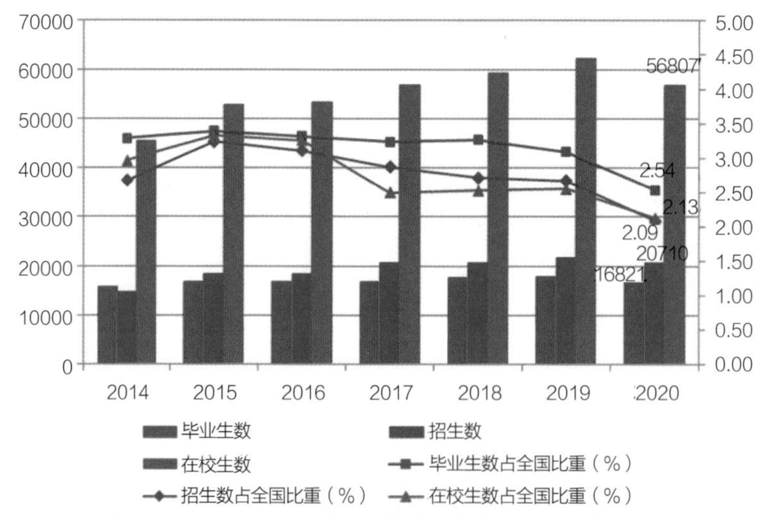

图9-5 2014~2020年全国建设类学科硕士研究生总体培养情况

2014~2020年全国建设类学科硕士研究生毕业生人数　　表9-11

学科点类别	毕业生人数						
	2014年	2015年	2016年	2017年	2018年	2019年	2020年
工学	15846	19373	18669	14114	14463	14170	14294
学术型学位	11570	15467	14421	9999	10113	9935	9907
土木工程	8850	7732	7542	7201	7436	7289	7205
结构工程	2977	2183	1764	1682	1504	1326	1217
岩土工程	1362	1009	908	888	940	839	777

续表

学科点类别	毕业生人数						
	2014年	2015年	2016年	2017年	2018年	2019年	2020年
桥梁与隧道工程	1129	918	771	704	699	625	676
防灾减灾工程及防护工程	503	355	288	279	235	221	232
市政工程	775	638	615	598	600	660	627
供热、供燃气、通风及空调工程	785	619	620	576	641	600	580
土木工程学科	1319	2010	2576	2474	2817	3018	3096
建筑学	1936	1112	1050	1151	1102	1032	1050
建筑学学科	514	971	887	953	907	860	898
建筑技术科学	282	14	9	18	15	20	26
建筑设计及其理论	1004	112	142	168	166	140	19
建筑历史与理论	136	15	12	12	14	12	107
城乡规划学	572	839	793	820	770	813	874
风景园林学	212	729	778	827	805	801	778
风景园林（农学）			10				
管理学	4276	3906	4248	4115	4350	4235	4387
管理科学与工程	4276	3906	4248	4115	4350	4235	4387
专业学位		26539	2464	2707	3297	3695	5080
工学				1542	1925	2102	2941
岩土工程					21		
建筑学		1149	1220	1180	1502	1651	2165
城市规划		135	235	362	402	451	776
农学		853	1009	1165	1372	1593	2139
风景园林		853	1009	1165	1372	1593	2139
工程		25551					
总计	11570	42006	16885	16821	17760	17865	19374

2014~2020年各地区建设类学科硕士研究生毕业生人数　　表9-12

地区	毕业生人数						
	2014年	2015年	2016年	2017年	2018年	2019年	2020年
北京	1657	3405	2031	1959	2048	1986	2063
天津	583	2365	714	653	698	679	750

续表

地区	毕业生人数						
	2014年	2015年	2016年	2017年	2018年	2019年	2020年
河北	514	1516	386	407	467	435	417
山西	188	385	161	133	181	142	156
内蒙古	109	529	138	151	197	214	217
辽宁	920	1423	818	863	924	894	977
吉林	258	891	200	239	309	240	263
黑龙江	736	3405	711	657	659	799	849
上海	1014	1704	1111	853	873	943	964
江苏	1628	5677	1556	1670	1642	1759	1874
浙江	413	1141	326	383	480	465	569
安徽	491	1634	516	643	643	691	683
福建	306	393	406	444	465	476	501
江西	205	982	204	179	212	252	235
山东	610	1241	646	699	728	676	707
河南	264	729	332	361	376	428	373
湖北	819	2476	901	940	953	990	1269
湖南	878	2359	996	879	1056	971	1119
广东	683	1540	844	879	892	826	980
广西	155	564	179	215	220	235	250
海南	8	21	24	22	25	29	30
重庆	706	2070	743	720	722	715	863
四川	764	1425	762	671	760	739	846
贵州	58	114	85	78	96	92	105
云南	132	348	324	286	275	311	375
西藏		0		0		1	0
陕西	1381	3013	1398	1459	1462	1501	1556
甘肃	300	313	313	317	333	331	323
青海	0	6	6	2		0	0
宁夏	32	174	12	14	17	6	14
新疆	34	163	42	45	47	39	46
合计	15846	42006	16885	16821	17760	17865	19374

2014~2020年全国建设类学科硕士研究生招生人数　　表9-13

学科点类别	招生人数						
	2014年	2015年	2016年	2017年	2018年	2019年	2020年
学术型学位	14643	16153	14871	15231	14931	15824	17829
工学	10644	12105	10384	10494	10120	10477	11550
土木工程	7814	7908	7600	7699	7379	7510	8225
结构工程	1966	1572	1377	1295	1160	1010	1042
岩土工程	989	970	898	861	820	698	721
桥梁与隧道工程	763	712	692	705	542	474	514
防灾减灾工程及防护工程	322	258	240	236	207	188	236
市政工程	631	625	645	655	587	506	439
供热、供燃气、通风及空调工程	618	660	622	700	589	496	511
土木工程学科	2525	3111	3126	3247	3474	4138	4762
建筑学	1245	1179	1149	1103	1073	1220	1369
建筑学学科	954	996	950	872	904	1098	1269
建筑技术科学	44	11	23	93	40	22	27
建筑设计及其理论	231	165	163	119	113	85	14
建筑历史与理论	16	7	13	19	16	15	59
城乡规划学	832	799	809	869	818	858	975
风景园林学	753	817	826	823	850	889	981
风景园林（农学）			16				
管理学	3999	4048	4471	4737	4811	5347	6279
管理科学与工程	3999	4048	4471	4737	4811	5347	6279
专业学位		36186	3464	5479	5760	5827	6765
工学		1846	1934	2943	3215	3071	3360
岩土工程					19		
建筑学		1402	1498	2159	2345	2216	2361
城市规划		444	436	784	851	855	999
农学		1394	1530	2536	2545	2756	3405
风景园林		1394	1530	2536	2545	2756	3405
工程		34348					
总计	15846	52339	18335	20710	20691	21651	24594

2014~2020年各地区建设类学科硕士研究生招生人数　　表9-14

地区	招生人数						
	2014年	2015年	2016年	2017年	2018年	2019年	2020年
北京	1582	4628	2163	2268	2359	2442	2601
天津	452	2845	753	889	856	837	907
河北	492	1869	446	485	491	525	584
山西	155	435	144	162	153	176	240
内蒙古	112	689	179	218	223	212	246
辽宁	790	1580	891	986	1047	1065	1237
吉林	193	1503	251	270	262	329	377
黑龙江	681	3471	746	745	930	930	1103
上海	870	1723	955	1032	1062	1211	1249
江苏	1441	7446	1789	1930	1699	1938	2228
浙江	310	1677	453	625	631	655	850
安徽	443	2150	663	747	708	703	869
福建	329	529	496	514	699	596	749
江西	178	1129	219	291	245	306	379
山东	572	1603	701	743	795	843	1039
河南	237	1680	372	432	454	509	648
湖北	817	3292	1022	1345	1195	1202	1406
湖南	882	2554	958	1186	1161	1070	1165
广东	695	2076	934	1064	1120	1157	1178
广西	193	684	243	281	288	319	433
海南	25	25	27	32	31	55	95
重庆	732	2378	778	879	851	872	880
四川	662	1544	790	915	885	966	1005
贵州	80	107	94	104	114	133	162
云南	119	352	296	391	344	409	462
西藏		4		12		0	0
陕西	1197	3679	1565	1771	1716	1755	1956
甘肃	326	326	342	324	305	357	405
青海	6	26	0	0		11	12
宁夏	38	166	11	14	13	16	20
新疆	34	169	54	55	54	52	109
合计	14643	52339	18335	20710	20691	21651	24594

2014~2020年全国建设类学科硕士研究生在校生人数　　表9-15

学科点类别	在校生人数						
	2014年	2015年	2016年	2017年	2018年	2019年	2020年
学术型学位	45498	47492	44550	45243	44655	45392	48120
工学	33629	35843	31630	31826	30993	31049	32085
土木工程	25136	23413	23106	23133	22383	22259	22915
结构工程	7412	5170	4668	4316	3810	3346	3232
岩土工程	3439	2908	2803	2742	2626	2259	2220
桥梁与隧道工程	2892	2316	2206	2131	1930	1612	1526
防灾减灾工程及防护工程	1212	879	786	736	696	657	645
市政工程	2050	1816	1825	1898	1849	1727	1482
供热、供燃气、通风及空调工程	1956	1852	1847	1954	1807	1669	1564
土木工程学科	6175	8472	8971	9356	9665	10989	12246
建筑学	4542	3583	3571	3541	3414	3506	3724
建筑学学科	2706	2951	2940	2910	2797	3030	3327
建筑技术科学	359	46	54	124	159	80	81
建筑设计及其理论	1351	545	523	461	404	341	49
建筑历史与理论	126	41	54	46	54	55	267
城乡规划学	2255	2487	2443	2582	2609	2615	2692
风景园林学	1696	2524	2510	2570	2587	2669	2754
风景园林（农学）			44				
管理学	11869	11649	12876	13417	13662	14343	16035
管理科学与工程	11869	11649	12876	13417	13662	14343	16035
专业学位		92632	8779	11564	14572	16839	18473
工学		4901	5363	6810	8555	9581	9882
岩土工程					57		
建筑学		3836	4138	5160	6372	6971	7056
城市规划		1065	1225	1650	2126	2610	2826
农学		2765	3416	4754	6017	7258	8591
风景园林		2765	3416	4754	6017	7258	8591
工程		88802					
总计	45498	140124	53329	56807	59227	62231	66593

2014~2020年各地区建设类学科硕士研究生在校生人数　　表9-16

地区	在校生人数						
	2014年	2015年	2016年	2017年	2018年	2019年	2020年
北京	4664	12366	6055	6221	6443	6767	7020
天津	1599	7959	2199	2412	2511	2482	2577
河北	1537	5026	1305	1360	1393	1472	1617
山西	468	1096	481	509	472	495	575
内蒙古	352	1687	476	541	631	621	665
辽宁	2392	4019	2678	2809	2855	3022	3263
吉林	653	3847	767	798	753	845	953
黑龙江	2079	8625	1995	2049	2412	2506	2717
上海	2776	4873	2714	2869	2990	3322	3540
江苏	4508	20512	5329	5556	5043	5735	6238
浙江	1071	4362	1259	1582	1792	1937	2184
安徽	1362	5712	1840	1953	1990	2014	2213
福建	1015	1473	1475	1517	2026	1828	1960
江西	525	3173	613	724	691	803	914
山东	1632	3880	2069	2145	2246	2378	2697
河南	742	4331	1033	1154	1213	1370	1569
湖北	2327	8044	2967	3427	3626	3802	3877
湖南	2976	7801	2966	3196	3578	3430	3448
广东	2076	4869	2732	2794	3012	3295	3405
广西	568	1820	697	754	813	886	1057
海南	54	73	76	86	92	118	183
重庆	2321	6687	2286	2427	2529	2625	2637
四川	2267	4747	2492	2608	2703	2750	2875
贵州	230	293	270	297	317	358	413
云南	375	981	820	921	986	1150	1236
西藏		4		27		0	0
陕西	3757	10125	4561	4885	4914	5019	5406
甘肃	947	965	992	996	1002	1006	1081
青海	12	34	2	0		11	23
宁夏	109	370	40	40	38	43	48
新疆	104	370	140	150	156	141	202
合计	45498	140124	53329	56807	59227	62231	66593

9.3 建设类学科博士研究生教育情况

9.3.1 2014~2020 年全国建设类学科博士学科点设置情况

2014~2020 年，全国建设类学科设置博士学科点总体情况如图 9-6 所示。表 9-17、表 9-18 分别给出了 2014~2020 年全国建设类学科博士学科点设置情况和各地区建设类学科博士学科点设置情况。

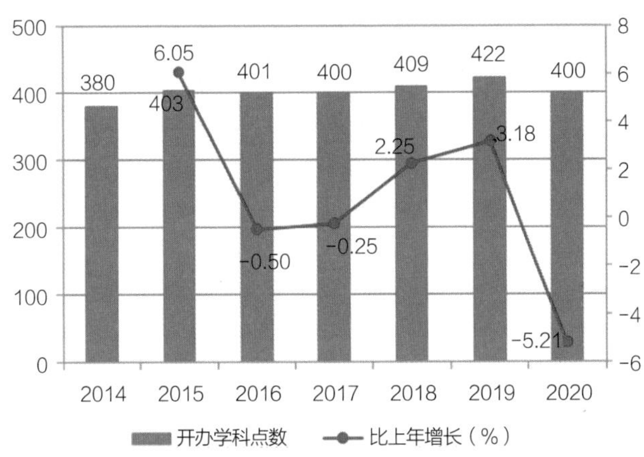

图9-6 2014~2020年全国建设类学科设置博士学科点总体情况

2014~2020年全国建设类学科博士学科点设置情况　　表9-17

学科点类别	学科点数量（个）						
	2014年	2015年	2016年	2017年	2018年	2019年	2020年
土木工程	230	234	231	230	239	247	243
结构工程	40	40	38	38	40	37	36
岩土工程	47	45	42	42	44	43	41
桥梁与隧道工程	30	32	32	30	31	30	31
防灾减灾工程及防护工程	31	31	30	30	32	30	28
市政工程	27	27	27	26	28	27	27
供热、供燃气、通风及空调工程	21	23	22	23	24	22	23
土木工程学科	34	36	40	41	40	57	57

续表

学科点类别	学科点数量（个）						
	2014年	2015年	2016年	2017年	2018年	2019年	2020年
建筑学	42	42	43	42	42	39	34
建筑学学科	16	17	17	18	18	21	21
建筑技术科学	7	7	7	7	6	5	3
建筑设计及其理论	12	12	12	11	6	9	7
建筑历史与理论	7	6	7	6	12	4	3
城乡规划学	13	15	15	15	15	16	15
风景园林学	18	21	21	21	21	22	22
管理科学与工程	77	80	91	92	92	98	100
专业学位		11					
工程		11					
总计	380	403	401	400	409	422	414

2014~2020年各地区建设类学科博士学科点设置情况　　表9-18

地区	学科点数量（个）						
	2014年	2015年	2016年	2017年	2018年	2019年	2020年
北京	45	52	50	49	51	53	50
天津	16	22	21	21	21	18	17
河北	6	6	4	4	4	5	5
山西	4	4	4	4	4	5	5
内蒙古	0					-	
辽宁	19	23	23	25	26	27	27
吉林	1	1	1	1	1	2	2
黑龙江	21	19	18	18	21	20	18
上海	24	26	27	27	27	26	23
江苏	43	43	43	42	42	45	43
浙江	11	11	11	11	10	7	14
安徽	13	14	15	15	15	15	15
福建	9	9	10	10	10	11	11
江西	1	2	2	2	2	4	4

续表

地区	学科点数量（个）						
	2014年	2015年	2016年	2017年	2018年	2019年	2020年
山东	10	14	15	15	18	20	21
河南	4	5	5	5	5	4	5
湖北	30	31	31	31	31	28	27
湖南	15	16	14	13	12	12	10
广东	20	21	21	21	21	23	23
广西	7	7	7	7	7	7	7
海南						-	
重庆	16	12	13	11	12	11	11
四川	18	17	18	19	19	19	16
贵州						4	5
云南	1	2	2	2	2	7	7
西藏						-	
陕西	33	34	34	34	34	34	33
甘肃	13	12	12	13	14	15	15
青海						-	
宁夏						-	
新疆						-	
合计	380	403	401	400	409	422	414

9.3.2　2014~2020 年全国建设类学科博士研究生培养情况

图 9-7 给出了 2014~2020 年全国建设类学科博士研究生总体培养情况。表 9-19、表 9-20 分别给出了 2014~2020 年全国建设类学科博士研究生毕业生人数和各地区建设类学科博士研究生毕业生人数；表 9-21、表 9-22 分别给出了 2014~2020 年全国建设类学科博士研究生招生人数和各地区建设类学科博士研究生招生人数；表 9-23、表 9-24 分别给出了 2014~2020 年全国建设类学科博士研究生在校生人数和各地区建设类学科博士研究生在校生人数。

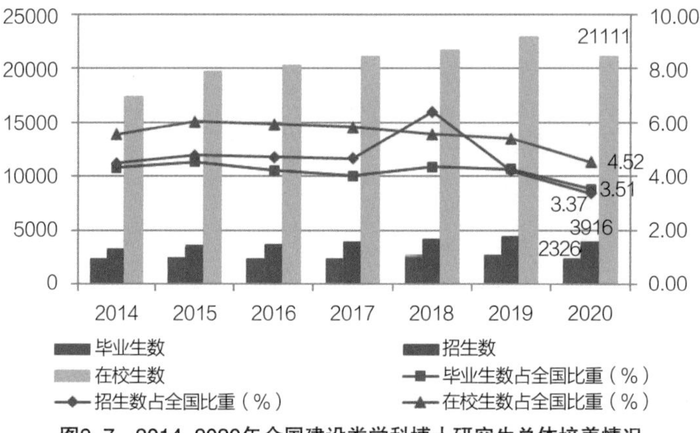

图9-7　2014~2020年全国建设类学科博士研究生总体培养情况

2014~2020年全国建设类学科博士研究生毕业生人数　　表9-19

学科点类别	毕业生人数						
	2014年	2015年	2016年	2017年	2018年	2019年	2020年
土木工程	993	962	959	1048	1190	1232	1297
结构工程	246	189	199	178	228	167	175
岩土工程	249	239	238	246	235	229	238
桥梁与隧道工程	105	110	99	120	123	127	94
防灾减灾工程及防护工程	47	51	33	45	59	46	47
市政工程	81	84	67	56	92	79	82
供热、供燃气、通风及空调工程	38	51	55	50	48	60	58
土木工程学科	227	238	268	353	405	527	603
建筑学	210	209	180	163	201	181	169
建筑学学科	72	71	92	90	139	147	150
建筑技术科学	18	19	13	15	7	2	3
建筑设计及其理论	86	92	56	44	14	23	12
建筑历史与理论	34	27	19	14	41	9	4
城乡规划学	35	34	40	32	70	86	85
风景园林学	17	23	31	42	60	60	63
管理科学与工程	1061	996	1108	1041	1118	1115	1210
专业学位		17					
工程		17					
总计	2316	2241	2318	2326	2639	2674	2824

2014~2020年各地区建设类学科博士研究生毕业生人数　　表9-20

地区	毕业生人数						
	2014年	2015年	2016年	2017年	2018年	2019年	2020年
北京	514	531	559	548	593	621	656
天津	150	135	141	96	137	143	124
河北	38	9	9	12	14	14	15
山西	8	9	6	15	13	19	15
内蒙古	0					–	
辽宁	150	101	90	88	95	115	163
吉林	6	9	5	5	5	7	1
黑龙江	145	147	137	126	147	131	146
上海	278	249	287	310	359	349	352
江苏	183	203	231	198	227	297	302
浙江	58	53	62	64	66	58	60
安徽	20	58	64	50	55	51	40
福建	10	25	33	39	20	39	29
江西	13	31	36	33	22	13	53
山东	24	20	31	32	48	53	71
河南	3	0	10	4	15	4	8
湖北	170	120	111	112	156	122	128
湖南	113	115	108	150	119	132	152
广东	53	83	71	83	82	62	72
广西	6	6	10	12	27	14	19
海南						–	
重庆	67	58	63	100	100	86	78
四川	99	84	103	96	117	145	139
贵州						0	0
云南	16	10	8	8	11	7	13
西藏						–	
陕西	173	168	135	134	199	167	171
甘肃	19	17	8	11	12	25	17
青海						–	
宁夏						–	
新疆						–	
合计	2316	2241	2318	2326	2639	2674	2824

2014~2020年全国建设类学科博士研究生招生人数　　表9-21

学科点类别	招生人数						
	2014年	2015年	2016年	2017年	2018年	2019年	2020年
土木工程	1457	1583	1652	1792	1903	2045	2287
结构工程	200	198	222	228	255	203	232
岩土工程	268	302	303	350	347	304	373
桥梁与隧道工程	114	112	127	136	138	115	130
防灾减灾工程及防护工程	51	58	53	58	55	67	67
市政工程	104	66	71	78	91	83	74
供热、供燃气、通风及空调工程	65	74	74	73	81	161	68
土木工程学科	655	773	802	869	936	1200	1343
建筑学	210	223	225	242	267	281	281
建筑学学科	208	223	204	217	240	262	264
建筑技术科学	0	0	6	6	6	3	2
建筑设计及其理论	2	0	14	16	2	14	12
建筑历史与理论	0	0	1	3	19	2	3
城乡规划学	115	111	108	135	128	131	144
风景园林学	99	95	105	108	135	161	172
管理科学与工程	1378	1329	1544	1639	1755	1806	1830
专业学位		115					
工程		115					
总计	3259	3456	3634	3916	4188	4424	4714

2014~2020年各地区建设类学科博士研究生招生人数　　表9-22

地区	招生人数						
	2014年	2015年	2016年	2017年	2018年	2019年	2020年
北京	657	745	769	804	855	932	929
天津	142	208	194	195	221	196	200
河北	52	23	35	29	43	33	41
山西	14	22	21	18	22	21	18
内蒙古	0						
辽宁	176	189	194	203	208	264	268

续表

地区	招生人数						
	2014年	2015年	2016年	2017年	2018年	2019年	2020年
吉林	9	7	11	11	12	30	28
黑龙江	243	259	232	232	242	231	262
上海	377	345	401	424	435	472	508
江苏	334	325	363	410	396	427	450
浙江	91	93	89	110	102	163	166
安徽	34	64	76	98	100	91	93
福建	26	28	43	49	52	58	61
江西	14	32	30	35	46	50	94
山东	64	70	82	99	117	122	124
河南	12	16	17	20	17	21	34
湖北	203	173	172	179	215	202	230
湖南	159	170	174	191	208	200	209
广东	93	106	101	124	145	146	162
广西	16	17	21	23	27	14	22
海南							
重庆	96	117	110	133	151	149	154
四川	149	136	172	180	205	187	227
贵州						15	20
云南	16	21	18	23	26	33	35
西藏							
陕西	246	265	285	297	309	324	338
甘肃	36	25	24	29	34	43	41
青海							
宁夏							
新疆							
合计	3259	3456	3634	3916	4188	4424	4714

2014~2020年全国建设类学科博士研究生在校生人数　　表9-23

学科点类别	在校生人数						
	2014年	2015年	2016年	2017年	2018年	2019年	2020年
土木工程	7311	8005	8550	8910	9366	9980	10711

续表

学科点类别	在校生人数						
	2014年	2015年	2016年	2017年	2018年	2019年	2020年
结构工程	1426	1285	1209	1296	1306	1160	1320
岩土工程	1405	1460	1473	1539	1624	1574	1832
桥梁与隧道工程	911	867	911	852	826	732	747
防灾减灾工程及防护工程	279	293	320	303	317	334	358
市政工程	506	486	476	473	460	455	479
供热、供燃气、通风及空调工程	315	326	423	357	386	651	419
土木工程学科	2469	3288	3738	4090	4447	5327	5556
建筑学	1689	1549	1552	1571	1451	1550	1623
建筑学学科	917	1116	1126	1328	1312	1423	1501
建筑技术科学	99	55	52	32	26	20	20
建筑设计及其理论	519	303	295	169	13	96	90
建筑历史与理论	154	75	79	42	100	11	12
城乡规划学	367	584	561	685	729	801	815
风景园林学	242	369	432	530	601	651	761
管理科学与工程	7751	7632	9199	9415	9547	9911	9889
专业学位		426					
工程		426					
总计	17360	18565	20294	21111	21694	22893	23799

2014~2020年各地区建设类学科博士研究生在校生人数　　表9-24

地区	在校生人数						
	2014年	2015年	2016年	2017年	2018年	2019年	2020年
北京	3217	3616	3954	4083	4206	4361	4534
天津	695	1046	1010	1025	1058	1037	1117
河北	245	101	126	139	170	174	195
山西	83	93	107	108	117	113	116
内蒙古	0					–	
辽宁	995	1093	1183	1298	1228	1365	1424

续表

地区	在校生人数						
	2014年	2015年	2016年	2017年	2018年	2019年	2020年
吉林	81	71	72	76	77	81	103
黑龙江	1120	1296	1303	1311	1346	1371	1336
上海	1950	1987	2310	2395	2368	2458	2541
江苏	1692	1684	2086	2153	2248	2360	2445
浙江	417	437	460	475	467	636	721
安徽	232	197	345	394	438	478	490
福建	119	208	240	236	259	267	290
江西	87	156	151	153	177	214	253
山东	187	285	383	404	523	583	632
河南	32	51	60	76	84	99	123
湖北	1003	882	974	1010	1025	1060	1158
湖南	1263	1313	1205	1185	1257	1282	1289
广东	512	650	659	656	632	680	740
广西	76	102	113	123	124	121	123
海南						—	
重庆	709	612	619	620	628	686	747
四川	1077	1064	1173	1218	1178	1208	1060
贵州						15	46
云南	138	123	128	186	201	235	252
西藏						—	
陕西	1280	1367	1486	1623	1697	1824	1860
甘肃	150	131	147	164	186	185	204
青海						—	
宁夏						—	
新疆						—	
合计	17360	18565	20294	21111	21694	22893	23799

第 10 章

建设类专业职业教育发展

本章对 2015~2021 这 7 个年度中国建设教育发展年度报告中的建设类专业职业教育统计数据进行摘要汇集，依此反映我国建设类专业职业教育的发展状况。

本章统计数据的逻辑架构如图 10-1 所示。

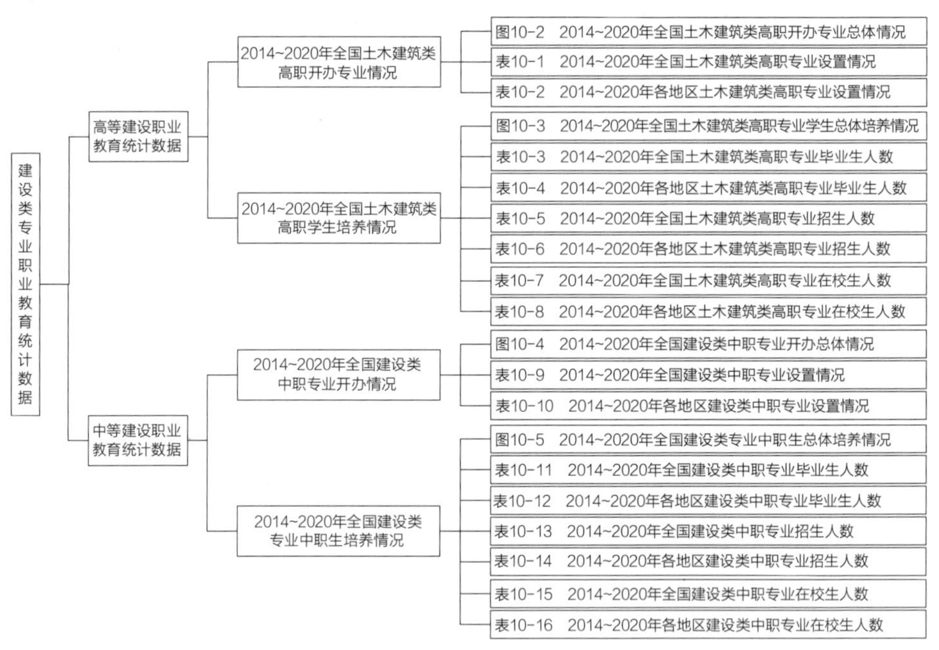

图10-1 建设类专业职业教育统计数据的逻辑架构

10.1 高等建设职业教育发展情况

10.1.1 2014~2020 年全国土木建筑类高职开办专业情况

2014~2020 年，全国土木建筑类高职开办专业的总体情况如图 10-2 所示。表 10-1、表 10-2 分别给出了 2014~2020 年全国土木建筑类高职专业设置情况和各地区土木建筑类高职专业设置情况。

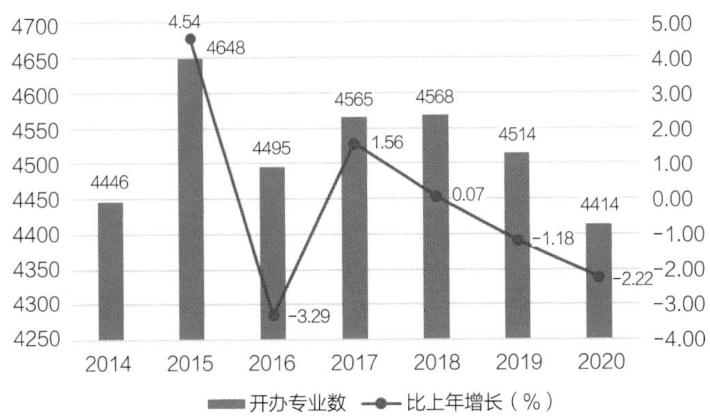

图10-2　2014~2020年全国土木建筑类高职开办专业的总体情况

2014~2020年全国土木建筑类高职专业设置情况　　表10-1

专业类及专业	专业数量（个）						
	2014年	2015年	2016年	2017年	2018年	2019年	2020年
建筑设计	117	130	125	131	132	133	132
建筑装饰工程技术	283	298	320	335	350	355	352
古建筑工程技术	13	15	16	17	17	22	26
建筑室内设计	170	190	211	230	251	277	292
环境艺术设计	361	378					
园林工程技术	145	163	166	173	172	176	168
风景园林设计			44	59	79	96	104
建筑动画与模型制作	6	8	17	24	28	29	31
建筑设计类其他专业	5	6	26	22	20	11	8
建筑设计类专业合计	1100	1188	925	991	1049	1099	1113
城乡规划	60	64	64	60	56	48	41
城市管理与监察	17	15					
城市信息化管理			4	5	7	8	10
村镇建设与管理	4	5	4	4	4	4	4
城乡规划与管理类其他专业		1	5	5	5	2	
城镇规划与管理类合计	81	85	77	74	72	62	55
建筑工程技术	677	714	742	730	729	730	722
建筑钢结构工程技术	11	14	29	29	28	30	23
地下与隧道工程技术	24	26	48	51	55	51	50

续表

专业类及专业	专业数量（个）						
	2014年	2015年	2016年	2017年	2018年	2019年	2020年
土木工程检测技术	13	13	24	30	32	35	36
基础工程技术	29	30					
混凝土构件工程技术	1	1					
光伏建筑一体化技术与应用	2	2					
盾构施工技术	2	3					
高尔夫球场建造与维护	1	1					
土建施工类其他专业	13	12	17	19	18	15	9
土建施工类合计	773	816	860	859	862	861	840
建筑设备工程技术	78	82	83	87	83	75	67
供热通风与空调工程技术	81	76	77	71	64	55	49
建筑电气工程技术	100	104	110	103	94	81	72
消防工程技术			17	22	30	50	77
建筑智能化工程技术	186	193	188	191	188	179	162
工业设备安装工程技术	5	6	7	7	5	5	6
供热通风与卫生工程技术	2	3			8		
机电安装工程	2	2					
建筑设备类其他专业	2	1	10	4		3	3
建筑设备类合计	456	467	492	485	472	448	436
建筑工程管理	318	337	349	355	360	357	349
工程造价	661	701	742	759	759	777	769
建筑经济管理	58	66	64	61	60	56	55
建设工程监理	251	255	269	266	253	218	187
建设项目信息化管理			16	27	45	63	83
电力工程管理	7	7					
工程质量监督与管理	1	2					
建筑工程项目管理	7	5					
建筑工程质量与安全技术管理	5	5					
建筑材料供应与管理	1	1					
国际工程造价	1	1					
建筑信息管理	2	3					

续表

专业类及专业	专业数量（个）						
	2014年	2015年	2016年	2017年	2018年	2019年	2020年
安装工程造价	3	3					
工程招标采购与投标管理	1	2					
工程商务	1	1					
工程管理类其他专业	8	11	32	25	22	20	15
建设工程管理类合计	1325	1400	1472	1493	1499	1491	1458
城市燃气工程技术	3069	3220	3102	2576	2597	2529	2482
给水排水工程技术	6894	6914	7487	7045	6837	7637	8123
市政工程技术	12821	13831	15011	14957	16052	18586	22314
环境卫生工程技术						18	
消防工程技术	1197	1412					
建筑水电技术	120	185					
给水排水与环境工程技术	77	70					
市政工程类其他专业		490	273	384	145	144	
市政工程类合计	206	225	225	245	257	250	242
房地产经营与估价	237	222					
房地产经营与管理			183	171	150	130	109
房地产检测与估价			41	43	27	25	22
物业管理	253	234	205	190	173	145	137
物业设施管理	9	7					
酒店物业管理	1	1					
房地产类其他专业	5	3	15	14	7	3	2
房地产类	505	467	444	418	357	303	270
总计	4446	4648	4495	4565	4568	4514	4414

2014~2020年各地区土木建筑类高职专业设置情况　　表10-2

地区	专业数量（个）						
	2014年	2015年	2016年	2017年	2018年	2019年	2020年
北京	49	49	50	53	50	43	38
天津	53	55	55	60	59	61	58
河北	290	293	263	268	268	242	229

续表

地区	专业数量（个）						
	2014年	2015年	2016年	2017年	2018年	2019年	2020年
山西	109	115	113	106	105	112	109
内蒙古	110	109	110	108	110	110	107
辽宁	127	122	113	109	103	104	94
吉林	50	51	52	53	55	57	62
黑龙江	180	174	171	167	151	135	121
上海	48	46	40	40	40	41	43
江苏	306	316	297	308	307	310	305
浙江	133	139	134	142	140	131	121
安徽	172	191	191	188	199	212	226
福建	188	193	181	178	176	163	154
江西	204	213	190	203	211	206	187
山东	302	303	274	277	268	267	257
河南	316	341	343	359	360	359	358
湖北	228	257	261	266	261	251	238
湖南	152	153	132	137	138	140	129
广东	216	222	218	223	226	228	242
广西	196	206	213	218	213	201	195
海南	29	32	27	28	28	30	30
重庆	141	150	157	166	174	175	171
四川	281	310	296	290	284	270	267
贵州	101	124	123	123	143	146	148
云南	124	135	132	136	137	142	152
西藏	3	3	4	4	4	5	4
陕西	175	177	171	164	163	169	164
甘肃	58	60	64	67	74	76	79
青海	16	14	18	18	20	23	22
宁夏	26	28	33	32	32	36	32
新疆	63	67	69	74	69	69	72
合计	4446	4648	4495	4565	4568	4514	4414

10.1.2　2014~2020 年全国土木建筑类高职学生培养情况

图 10-3 给出了 2014~2020 年全国土木建筑类高职专业学生总体培养情况。表 10-3、表 10-4 分别给出了 2014~2020 年全国土木建筑类高职专业毕业生人数和各地区土木建筑类高职专业毕业生人数；表 10-5、表 10-6 分别给出了 2014~2020 年全国土木建筑类高职专业招生人数和各地区土木建筑类高职专业招生人数；表 10-7、表 10-8 分别给出了 2014~2020 年全国土木建筑类高职专业在校生人数和各地区土木建筑类高职专业在校生人数。

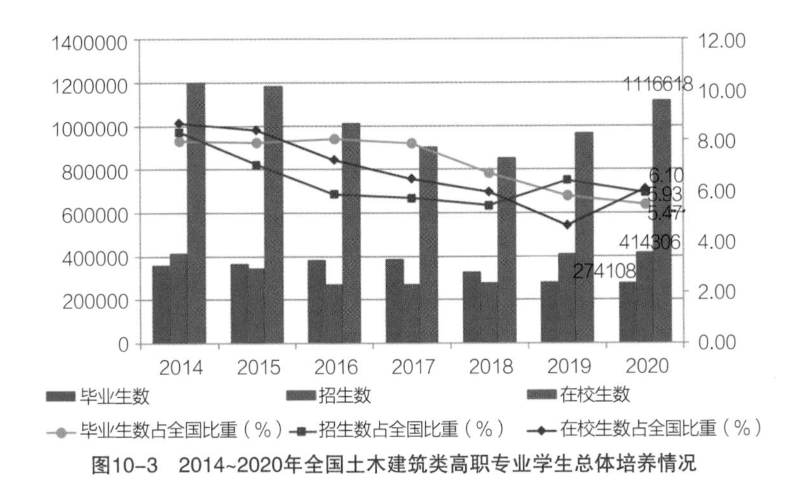

图10-3　2014~2020年全国土木建筑类高职专业学生总体培养情况

2014~2020年全国土木建筑类高职专业毕业生人数　　表10-3

专业类及专业	毕业生人数						
	2014年	2015年	2016年	2017年	2018年	2019年	2020年
建筑设计	8390	8223	8110	8276	6953	6764	7046
建筑装饰工程技术	19424	18090	19230	18721	17639	17609	18519
古建筑工程技术	385	304	389	493	369	360	421
建筑室内设计	14325	15503	13965	16695	17879	22805	26352
环境艺术设计	21153	21649					
园林工程技术	6692	6990	8260	9112	7924	7440	7086
风景园林设计			576	532	649	1599	2486
建筑动画与模型制作	36	37	215	445	582	728	763

续表

专业类及专业	毕业生人数						
	2014年	2015年	2016年	2017年	2018年	2019年	2020年
建筑设计类其他专业	2	408	1937	1315	1282	179	270
建筑设计类专业合计	70407	71204	52682	55589	53277	57484	62943
城乡规划	1963	1866	1954	1808	2008	1381	1287
城市管理与监察	314	320					
城市信息化管理			27	54	30	72	192
村镇建设与管理	104	86	128	46	70	14	25
城乡规划与管理类其他专业		0	205	139	26	0	
城镇规划与管理类专业合计	2381	2272	2314	2047	2134	1467	1504
建筑工程技术	100524	101773	110956	108331	87876	71311	66465
建筑钢结构工程技术	426	479	1168	1257	1114	838	743
地下与隧道工程技术	1585	1300	2302	2289	1965	1859	2364
土木工程检测技术	471	572	768	1070	985	1567	1640
基础工程技术	1227	1107					
混凝土构件工程技术	51	0					
光伏建筑一体化技术与应用	65	70					
盾构施工技术	107	103					
高尔夫球场建造与维护	10	3					
土建施工类其他专业	221	198	380	477	279	73	112
土建施工类专业合计	104687	105605	115574	113424	92219	75648	71324
建筑设备工程技术	3701	3671	3186	3411	2970	2399	2511
供热通风与空调工程技术	3280	3255	3285	3073	2477	2154	1939
建筑电气工程技术	2619	2941	3792	3844	3373	2559	2294
消防工程技术			341	392	486	489	622
建筑智能化工程技术	5833	6175	5378	6099	5762	5804	6226
工业设备安装工程技术	140	161	394	344	224	220	215
供热通风与卫生工程技术	2	218			161		
机电安装工程	92	49					
建筑设备类其他专业	0	0	391	219		21	26
建筑设备类专业合计	15667	16470	16767	17382	15453	13646	13833
建筑工程管理	26703	27854	29615	30386	23876	18293	16886

续表

专业类及专业	毕业生人数						
	2014年	2015年	2016年	2017年	2018年	2019年	2020年
工程造价	95383	102284	123972	127976	105475	83599	81185
建筑经济管理	4250	4144	3612	4099	3342	2391	2361
建设工程监理	11747	10674	11711	11204	8921	6689	5664
建设项目信息化管理			160	159	301	260	818
电力工程管理	356	373					
工程质量监督与管理	0	152					
建筑工程项目管理	150	94					
建筑工程质量与安全技术管理	227	275					
建筑材料供应与管理	97	140					
国际工程造价	64	50					
建筑信息管理	0	145					
安装工程造价	0	46					
工程招标采购与投标管理	0	0					
工程商务	0	29					
工程管理类其他专业	85	184	1506	1424	529	120	112
建设工程管理类专业合计	139062	146444	170576	175248	142444	111352	107026
城市燃气工程技术	610	831	955	1203	978	788	802
给水排水工程技术	2309	2155	2266	2574	2221	2195	2078
市政工程技术	3755	3578	4349	4753	5171	4936	5339
环境卫生工程技术						0	
消防工程技术	280	346					
建筑水电技术	0	1					
给水排水与环境工程技术	33	25					
市政工程类其他专业		98	29	185	0	0	
市政工程类专业合计	6987	7034	7599	8715	8370	7919	8219
房地产经营与估价	10782	9334					
房地产经营与管理			7216	5697	4851	3913	3798
房地产检测与估价			1516	1085	477	539	523
物业管理	8262	7223	6045	6023	5716	4909	4938
物业设施管理	136	197					

续表

专业类及专业	毕业生人数						
	2014年	2015年	2016年	2017年	2018年	2019年	2020年
酒店物业管理	0	0					
房地产类其他专业	147	49	481	720	177	0	0
房地产类专业合计	19327	16803	15258	13525	11221	9361	9259
总计	358518	365832	380770	385930	325118	276877	274108

2014~2020年各地区土木建筑类高职专业毕业生人数　　表10-4

地区	毕业生人数						
	2014年	2015年	2016年	2017年	2018年	2019年	2020年
北京	2120	2420	2495	2088	1576	1065	1068
天津	5098	5942	6024	5466	4376	4436	4400
河北	23928	20785	21992	17951	12521	10733	10995
山西	9613	10383	10783	10696	9059	7453	6628
内蒙古	8278	6979	7031	5981	4603	3264	2913
辽宁	7995	8376	8746	8349	7578	6248	5309
吉林	3396	2879	3827	3316	2141	1530	1307
黑龙江	11484	10102	10185	8582	6903	5849	5213
上海	2525	2344	2632	2463	2338	2537	2541
江苏	24056	24871	24110	22927	20862	17662	17738
浙江	12100	12621	12628	12698	12103	11653	11113
安徽	14459	13508	15792	16590	15534	12534	11387
福建	9321	9595	11908	12337	10775	8885	8425
江西	17595	16153	18950	24131	19426	14341	13177
山东	28623	26520	29151	29745	25415	20319	18674
河南	22990	25175	27629	28548	25457	22687	22268
湖北	23009	22119	22823	21978	14874	13720	14710
湖南	15355	16575	15250	16092	14759	13357	12778
广东	18509	22323	21603	22509	18917	17346	17693
广西	15952	16082	15831	18746	16222	14909	15755
海南	2235	2301	2514	2479	1710	1566	1604

续表

地区	毕业生人数						
	2014年	2015年	2016年	2017年	2018年	2019年	2020年
重庆	12655	14786	15182	16787	12563	8916	9024
四川	26090	29376	27118	29369	22519	16866	17807
贵州	3947	6153	5785	8049	9614	10151	10437
云南	9198	7341	9276	10584	10715	9148	11211
西藏	171	274	180	167	241	282	184
陕西	16366	18102	19766	15378	11501	8806	8483
甘肃	4879	4897	4253	4848	4145	4143	4063
青海	1136	1253	1269	1273	1230	1186	1270
宁夏	1639	1567	1734	1719	1323	1282	1547
新疆	3796	4030	4303	4084	4118	4003	4386
合计	358518	365832	380770	385930	325118	276877	274108

2014~2020年全国土木建筑类高职专业招生人数　　表10-5

专业类及专业	专业数量（个）						
	2014年	2015年	2016年	2017年	2018年	2019年	2020年
建筑设计	10212	8851	7646	7298	8302	10662	10632
建筑装饰工程技术	18811	17320	17004	17523	17434	23131	23311
古建筑工程技术	444	467	389	485	642	794	1029
建筑室内设计	19977	20955	23219	26586	29619	41176	42943
环境艺术设计	23080	20268					
园林工程技术	8812	8008	7456	6899	6609	8671	8429
风景园林设计			1815	2557	3264	5011	5457
建筑动画与模型制作	188	387	787	739	975	1179	1271
建筑设计类其他专业	384	450	401	1164	1327	932	492
建筑设计类专业合计	81908	76706	58717	63251	68172	91556	93564
城乡规划	2027	2111	1488	1260	2008	1110	1347
城市管理与监察	644	455					
城市信息化管理			77	201	30	698	479
村镇建设与管理	84	132	22	32	70	85	166

续表

专业类及专业	专业数量（个）						
	2014年	2015年	2016年	2017年	2018年	2019年	2020年
城乡规划与管理类其他专业		0	0	40	26	50	
城镇规划与管理类专业合计	2755	2698	1587	1533	2134	1943	1992
建筑工程技术	101772	79625	62764	59677	58964	109343	106251
建筑钢结构工程技术	679	608	877	742	836	731	1067
地下与隧道工程技术	1538	1200	1914	2439	3204	2829	2924
土木工程检测技术	839	908	1563	1690	2426	3478	3351
基础工程技术	1117	799					
混凝土构件工程技术	42	69					
光伏建筑一体化技术与应用	180	243					
盾构施工技术	238	377					
高尔夫球场建造与维护	0	0					
土建施工类其他专业	2711	1438	564	1662	1245	1353	428
土建施工类专业合计	109116	85267	67682	66210	66675	117734	114021
建筑设备工程技术	3612	2995	2313	2451	2255	2747	2892
供热通风与空调工程技术	3358	2614	2230	1901	1540	1994	1914
建筑电气工程技术	3865	3295	2810	2244	2161	2732	2669
消防工程技术			525	579	1086	6600	9072
建筑智能化工程技术	6701	6271	6171	6422	6132	9008	7821
工业设备安装工程技术	226	189	209	171	206	196	341
供热通风与卫生工程技术	32	153			450		
机电安装工程	109	0					
建筑设备类其他专业	98	38	33	283		516	238
建筑设备类专业合计	18001	15555	14291	14051	13830	23793	24947
建筑工程管理	32569	24683	18462	17031	15889	29269	31846
工程造价	124324	100640	78168	76235	76619	107226	110425
建筑经济管理	3768	3177	2385	2296	2448	2860	2907
建设工程监理	11344	8780	7416	5834	5373	6544	7055
建设项目信息化管理			348	832	1313	2132	2843
电力工程管理	326	123					

续表

专业类及专业	专业数量（个）						
	2014年	2015年	2016年	2017年	2018年	2019年	2020年
工程质量监督与管理	0	21					
建筑工程项目管理	492	282					
建筑工程质量与安全技术管理	456	332					
建筑材料供应与管理	267	209					
国际工程造价	0	0					
建筑信息管理	129	179					
安装工程造价	107	139					
工程招标采购与投标管理	56	47					
工程商务	62	54					
工程管理类其他专业	1459	1203	1086	1826	2764	1356	1549
建设工程管理类专业合计	175359	139869	107865	104054	104406	149387	156625
城市燃气工程技术	1232	965	836	609	846	811	617
给水排水工程技术	2428	2220	2292	2168	2297	3103	2858
市政工程技术	4749	4713	4897	4828	5625	7808	8653
环境卫生工程技术						6	
消防工程技术	465	478					
建筑水电技术	87	75					
给水排水与环境工程技术	29	17					
市政工程类其他专业		225	112	247	145	144	
市政工程类专业合计	8990	8693	8137	7852	8913	11872	12128
房地产经营与估价	8143	6012					
房地产经营与管理			4328	3999	3809	4330	3102
房地产检测与估价			661	602	338	330	337
物业管理	6413	6059	5371	4931	4969	7004	7575
物业设施管理	194	54					
酒店物业管理	2	1					
房地产类其他专业	197	20	48	188	178	194	15
房地产类专业合计	14949	12146	10408	9720	9294	11858	11029
总计	411078	340934	268687	266671	272797	408143	414306

2014~2020年各地区土木建筑类高职专业招生人数　　表10-6

地区	招生人数						
	2014年	2015年	2016年	2017年	2018年	2019年	2020年
北京	2037	1508	1019	902	779	1114	697
天津	5935	4784	4310	4157	3865	4711	4971
河北	19438	13716	9500	9980	10529	14557	15694
山西	11202	9645	7272	6646	5925	7561	8111
内蒙古	6452	4942	3988	3304	2850	3591	3565
辽宁	8883	8766	6475	5291	5765	11597	12415
吉林	3474	2263	1596	1108	1251	4393	2332
黑龙江	9027	7254	5715	5394	5388	8695	7515
上海	2945	2553	2203	2075	2132	3022	2438
江苏	22140	18624	15235	15520	15613	20739	25659
浙江	12390	11906	10842	9750	10096	14070	11321
安徽	16430	15160	11587	10978	9558	20697	20165
福建	14514	11880	8913	7736	8349	15652	13299
江西	24714	19791	13527	12412	12336	17335	16804
山东	30343	24165	17971	16984	16795	30270	22747
河南	29747	23669	19703	20590	23080	31602	29541
湖北	23481	16387	13769	15138	14417	17235	19326
湖南	18050	15194	11810	12111	13323	16904	17645
广东	25278	21882	18806	19308	19776	22706	35371
广西	20673	19155	16215	17000	17473	32301	27040
海南	3291	2563	1704	1753	1779	2911	3472
重庆	18335	14175	9175	9190	10231	22154	19011
四川	33277	26859	18380	18468	18820	20643	26862
贵州	10135	11156	10917	11213	12900	16266	17779
云南	10471	9713	7646	9458	9325	13706	16238
西藏	124	250	290	194	236	257	282
陕西	15868	11976	9062	8930	9009	16662	17304
甘肃	5229	4247	4162	3642	4357	7270	8113
青海	1186	1070	1107	1257	1209	1418	977
宁夏	1767	1603	1586	1765	1446	2574	2346
新疆	4242	4078	4202	4417	4185	5530	5266
合计	411078	340934	268687	266671	272797	408143	414306

2014~2020年全国土木建筑类高职专业在校生人数　　表10-7

专业类及专业	专业数量（个）						
	2014年	2015年	2016年	2017年	2018年	2019年	2020年
建筑设计	28745	28008	24505	22506	23378	26206	29034
建筑装饰工程技术	56455	56378	54871	53833	54939	60235	66690
古建筑工程技术	1163	1311	1222	1548	1431	1847	2473
建筑室内设计	54372	59980	56877	70272	81535	98967	115747
环境艺术设计	67469	65820					
园林工程技术	24200	25284	25067	23030	21524	22806	24101
风景园林设计			2928	5100	7367	11044	14068
建筑动画与模型制作	381	650	1736	2084	2546	2975	3513
建筑设计类其他专业	476	1111	4107	2659	1714	1674	1303
建筑设计类专业合计	233261	238542	171313	181032	194434	225754	256929
城乡规划	6099	6242	5331	4746	3742	3516	3569
城市管理与监察	1505	1468					
城市信息化管理			156	306	519	1123	1481
村镇建设与管理	390	474	291	129	194	236	361
城乡规划与管理类其他专业		42	306	178	167	51	
城镇规划与管理类专业合计	7994	8226	6084	5359	4622	4926	5411
建筑工程技术	318721	305834	269476	227408	203841	236800	285806
建筑钢结构工程技术	1739	1828	3356	2567	2451	2386	2681
地下与隧道工程技术	4332	4171	6650	6297	7454	8236	8723
土木工程检测技术	2145	2413	3535	4331	5657	7450	8902
基础工程技术	3642	2924					
混凝土构件工程技术	83	151					
光伏建筑一体化技术与应用	408	584					
盾构施工技术	565	832					
高尔夫球场建造与维护	3	0					
土建施工类其他专业	3304	2316	1307	2133	1884	2352	1156
土建施工类专业合计	334942	321053	284324	242736	221287	257224	307268
建筑设备工程技术	11080	10120	8825	8217	7459	7684	8396
供热通风与空调工程技术	10295	9289	8115	7043	5860	5598	5592
建筑电气工程技术	10502	10938	10240	8422	7236	7241	7610

续表

专业类及专业	专业数量（个）						
	2014年	2015年	2016年	2017年	2018年	2019年	2020年
消防工程技术			1395	1546	2211	8318	17282
建筑智能化工程技术	19393	19315	18439	18653	19181	21439	23071
工业设备安装工程技术	645	661	842	620	650	623	719
供热通风与卫生工程技术	134	414			557		
机电安装工程	286	232					
建筑设备类其他专业	213	38	753	545		563	315
建筑设备类专业合计	52548	51007	48609	45046	43154	51466	62985
建筑工程管理	94506	88439	75154	61958	53883	62515	77270
工程造价	353148	358076	318576	272511	247462	271363	306889
建筑经济管理	11742	10701	10228	8380	7384	7776	8448
建设工程监理	33291	30936	28440	22566	18461	17824	18659
建设项目信息化管理			750	1460	2360	4417	6562
电力工程管理	951	691					
工程质量监督与管理	158	202					
建筑工程项目管理	863	877					
建筑工程质量与安全技术管理	1114	1123					
建筑材料供应与管理	549	608					
国际工程造价	102	50					
建筑信息管理	384	419					
安装工程造价	235	362					
工程招标采购与投标管理	180	47					
工程商务	141	160					
工程管理类其他专业	1715	1809	4520	3411	3405	2213	1987
建设工程管理类专业合计	499079	494500	437668	370286	332955	366108	419815
城市燃气工程技术	3069	3220	3102	2576	2597	2529	2482
给水排水工程技术	6894	6914	7487	7045	6837	7637	8123
市政工程技术	12821	13831	15011	14957	16052	18586	22314
环境卫生工程技术						18	
消防工程技术	1197	1412					
建筑水电技术	120	185					

续表

专业类及专业	专业数量（个）						
	2014年	2015年	2016年	2017年	2018年	2019年	2020年
给水排水与环境工程技术	77	70					
市政工程类其他专业		490	273	384	145	144	
市政工程类专业合计	24178	26122	25873	24962	25631	28914	32919
房地产经营与估价	27049	6012					
房地产经营与管理			4328	3999	3809	4330	3102
房地产检测与估价			661	602	338	330	337
物业管理	20465	6059	5371	4931	4969	7004	7575
物业设施管理	560	54					
酒店物业管理	7	1					
房地产类其他专业	311	20	48	188	178	194	15
房地产类专业合计	48392	12146	10408	9720	9294	11858	11029
总计	1200394	1181981	1010323	900876	851074	964660	1116618

2014~2020年各地区土木建筑类高职专业在校生人数　　表10-8

地区	在校生人数						
	2014年	2015年	2016年	2017年	2018年	2019年	2020年
北京	7174	6187	4885	3615	2970	2946	2912
天津	18921	17871	14568	13381	13028	13260	14659
河北	64065	57821	40578	33919	33089	36449	42206
山西	32774	32003	27517	23584	20525	20280	21745
内蒙古	21298	19099	15917	12403	9960	9530	9782
辽宁	26411	26804	23605	20092	17630	22843	29909
吉林	10388	9911	7432	4972	4181	6925	8172
黑龙江	30007	27235	21524	18247	16622	19195	21634
上海	8565	8499	7241	7145	7453	7742	8193
江苏	77587	74233	62565	57983	54455	54755	64035
浙江	38703	38979	37304	35369	34640	36073	38220
安徽	46757	48842	44425	39560	34264	42264	51419
福建	37918	39407	34061	29259	26667	32838	38185

续表

地区	在校生人数						
	2014年	2015年	2016年	2017年	2018年	2019年	2020年
江西	62451	66933	57412	46276	40174	42756	46925
山东	88026	87487	74426	63923	56527	65788	71838
河南	83997	84493	74442	68926	68679	76877	85938
湖北	70290	64489	50991	44402	43095	47025	54267
湖南	53407	52583	43364	41172	40058	42852	48393
广东	71822	70120	61760	58021	56708	60693	77111
广西	54321	57097	53860	51440	51412	67471	77782
海南	8380	8410	6203	5215	5145	6281	8214
重庆	50195	49033	40059	31948	29229	41408	51707
四川	94207	91484	73510	61073	56027	58218	67025
贵州	23297	27761	29439	31592	34559	39720	46056
云南	27627	30683	29939	30741	31172	34695	41209
西藏	578	597	705	722	707	663	758
陕西	54951	49028	37395	30372	27150	34313	42063
甘肃	14835	13829	13559	12962	13344	16197	20893
青海	3565	3455	3547	3597	3613	3747	3445
宁夏	5108	5020	5025	4986	4695	5665	6013
新疆	12769	12588	13065	13979	13296	15191	15910
合计	1200394	1181981	1010323	900876	851074	964660	1116618

10.2 中等建设职业教育发展情况

10.2.1 全国建设类中职专业开办情况

2014~2020 年，全国建设类中职专业开办总体情况如图 10-4 所示。表 10-9、表 10-10 分别给出了 2014~2020 年全国建设类中职专业设置情况和各地区建设类中职专业设置情况。

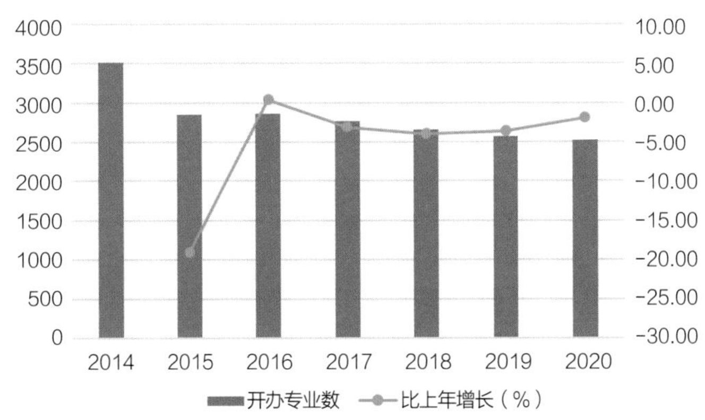

图10-4　2014~2020年全国建设类中职专业开办总体情况

2014~2020年全国建设类中职专业设置情况　　表10-9

专业名称	专业数量						
	2014年	2015年	2016年	2017年	2018年	2019年	2020年
建筑工程施工	1546	1225	1190	1135	1071	1031	1021
建筑装饰	454	385	405	412	423	432	423
古建筑修缮与仿建	6	4	6	7	8	13	12
城镇建设	32	30	28	20	16	14	14
工程造价	489	447	452	438	420	398	391
建筑设备安装	70	51	48	46	41	34	31
楼宇智能化设备安装与运行	76	85	102	102	104	106	88
供热通风与空调施工运行	17	12	9	12	8	8	7
建筑表现	17	17	18	18	19	22	24
城市燃气输配与应用	8	10	7	8	8	10	10
给水排水工程施工与运行	33	26	24	21	20	20	16
市政工程施工	58	54	50	48	43	36	43
道路与桥梁工程施工	140	108	108	112	105	94	92
铁道施工与养护	52	25	27	33	32	33	34
水利水电工程施工	111	88	91	80	79	76	72
水电站运行与管理						1	
水利工程运行与管理							3
工程测量	188	142	136	137	139	133	140
土建工程检测	44	30	32	24	24	19	18
工程机械运用与维修	110	83	77	69	62	50	47
机电排灌工程技术							1

续表

专业名称	专业数量						
	2014年	2015年	2016年	2017年	2018年	2019年	2020年
水土保持技术							1
土木水利类专业	67	26	50	50	41	38	31
合计	3518	2848	2860	2772	2663	2568	2519

2014~2020年各地区建设类中职专业设置情况　　表10–10

地区	专业数量						
	2014年	2015年	2016年	2017年	2018年	2019年	2020年
北京	52	30	30	31	30	26	23
天津	26	14	14	15	15	13	13
河北	177	133	132	127	123	121	122
山西	88	71	73	71	72	75	69
内蒙古	176	125	121	102	95	85	83
辽宁	98	71	69	59	53	49	49
吉林	90	69	69	76	65	65	65
黑龙江	122	90	85	84	71	66	65
上海	43	27	26	26	26	24	24
江苏	228	170	160	164	164	166	173
浙江	137	124	124	124	125	124	117
安徽	146	126	135	130	129	124	118
福建	202	188	187	170	151	142	125
江西	93	78	71	73	71	73	70
山东	235	170	158	150	141	133	129
河南	252	237	262	247	245	228	227
湖北	84	67	69	62	60	59	56
湖南	90	85	95	95	89	88	83
广东	119	75	88	83	84	79	74
广西	81	56	59	67	67	68	66
海南	23	29	26	23	20	19	17
重庆	68	75	76	77	75	73	77
四川	211	169	163	158	146	136	136
贵州	120	114	123	113	115	106	106
云南	184	176	176	175	176	179	185

续表

地区	专业数量						
	2014年	2015年	2016年	2017年	2018年	2019年	2020年
西藏	7	8	8	12	12	11	11
陕西	102	77	68	61	51	46	45
甘肃	113	67	73	70	71	72	72
青海	24	15	16	17	18	20	19
宁夏	30	27	28	29	26	24	30
新疆	97	85	76	81	77	74	70
合计	3518	2848	2860	2772	2663	2568	2519

10.2.2　2014~2020 年全国建设类专业中职生培养情况

图 10-5 给出了 2014~2020 年全国建设类专业中职生总体培养情况。表 10-11、表 10-12 分别给出了 2014~2020 年全国建设类中职专业毕业生人数和各地区建设类中职专业毕业生人数；表 10-13、表 10-14 分别给出了 2014~2020 年全国建设类中职专业专业招生人数和各地区建设类中职专业招生人数；表 10-15、表 10-16 分别给出了 2014~2020 年全国建设类中职专业在校生人数和各地区建设类中职专业在校生人数。

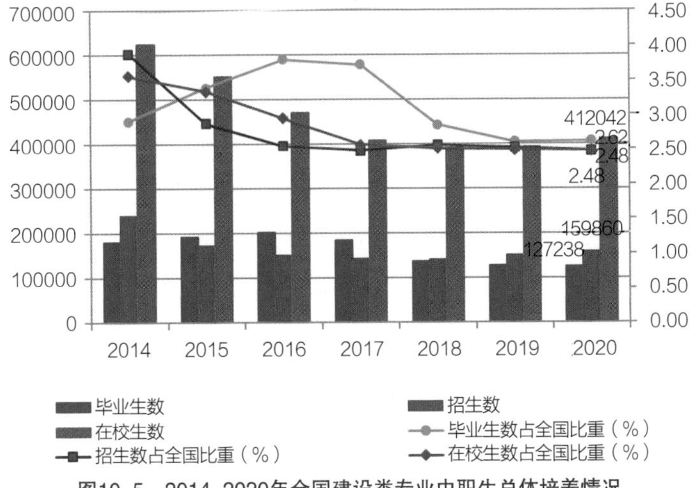

图10-5　2014~2020年全国建设类专业中职生总体培养情况

2014~2020年全国建设类中职专业毕业生人数　　表10-11

专业名称	毕业生人数						
	2014年	2015年	2016年	2017年	2018年	2019年	2020年
建筑工程施工	101419	115259	120145	104156	73883	65071	63720
建筑装饰	17225	18904	19944	20956	17727	19548	18727
古建筑修缮与仿建	81	47	97	96	103	123	139
城镇建设	1196	814	1200	916	546	762	896
工程造价	19806	22466	26581	24853	17742	16235	16427
建筑设备安装	1770	1387	1209	1971	1070	920	965
楼宇智能化设备安装与运行	1220	1491	1836	2029	1916	2581	2064
供热通风与空调施工运行	591	371	368	300	245	184	162
建筑表现	351	603	809	601	438	602	670
城市燃气输配与应用	310	478	407	351	501	511	595
给水排水工程施工与运行	580	492	526	515	484	486	412
市政工程施工	2152	1803	2099	1906	1261	1503	1534
道路与桥梁工程施工	9191	6954	6713	6383	5507	4616	4372
铁道施工与养护	5459	3324	2687	3340	2769	2479	2924
水利水电工程施工	5770	5776	5341	4927	4546	3945	3115
水电站运行与管理						27	
水利工程运行与管理							176
工程测量	6857	6078	6101	5932	5132	5118	5966
土建工程检测	1245	965	985	804	693	396	630
工程机械运用与维修	3819	3630	3755	2765	2719	2200	2340
机电排灌工程技术							0
水土保持技术							0
土木水利类专业	2138	1452	1731	1852	1780	1417	1404
合计	181180	192294	202534	184653	139062	128724	127238

2014~2020年各地区建设类中职专业毕业生人数　　表10-12

地区	毕业生人数						
	2014年	2015年	2016年	2017年	2018年	2019年	2020年
北京	2256	1763	1267	1056	948	739	542
天津	1828	932	885	812	987	991	1135

续表

地区	毕业生人数						
	2014年	2015年	2016年	2017年	2018年	2019年	2020年
河北	9992	7199	8006	8206	5416	5906	6520
山西	4793	5507	4439	4584	3392	2903	3222
内蒙古	6402	6170	4570	4012	2335	1818	1598
辽宁	3671	2908	3023	2123	1498	1480	1933
吉林	3108	2068	2190	1632	1218	1673	1339
黑龙江	3396	2707	2611	1961	1631	1408	1371
上海	1709	1887	2239	1710	1765	1995	1527
江苏	14497	13891	15321	12450	9610	9170	9270
浙江	9937	9141	10142	8953	8494	7559	7055
安徽	10065	11528	12517	10285	6717	11724	11360
福建	6958	8350	9162	9372	7928	5378	5025
江西	3769	4569	5212	4559	2813	3117	2636
山东	9000	10553	12842	10333	7921	7179	6472
河南	14649	17519	17777	17870	14228	13229	12443
湖北	5726	4487	3875	4133	3611	3489	3156
湖南	4694	4741	5869	5607	4557	4449	4724
广东	7146	7503	8255	7393	5582	3810	4150
广西	4661	5301	5530	8066	5315	5773	5711
海南	477	1011	790	672	422	507	558
重庆	4686	7808	9342	8086	5823	3038	3029
四川	16668	19950	20071	18644	12806	10229	9243
贵州	6445	7453	9207	8397	6344	5095	5653
云南	6719	10125	12380	11140	8503	7263	8484
西藏	94	1141	92	286	273	375	259
陕西	5067	4108	3550	2289	1198	1079	973
甘肃	5143	4550	4036	3105	2370	2167	2707
青海	1080	507	800	644	706	716	655
宁夏	2003	1498	1549	1490	987	786	980
新疆	4541	5419	4985	4783	3664	3679	3508
合计	181180	192294	202534	184653	139062	128724	127238

2014~2020年全国建设类中职专业招生人数　　表10-13

专业名称	招生人数						
	2014年	2015年	2016年	2017年	2018年	2019年	2020年
建筑工程施工	141187	96601	75262	70620	71610	80145	83217
建筑装饰	26638	21425	22987	22015	23696	23421	25470
古建筑修缮与仿建	359	23	153	141	97	423	327
城镇建设	1591	1369	774	646	679	740	768
工程造价	30225	20978	19539	19748	17066	19297	21576
建筑设备安装	2118	1407	1295	1238	1102	1547	1445
楼宇智能化设备安装与运行	1961	1857	2572	2353	2776	2898	2588
供热通风与空调施工运行	215	132	544	296	131	62	45
建筑表现	720	405	730	618	914	891	877
城市燃气输配与应用	374	538	383	497	617	888	764
给水排水工程施工与运行	603	452	475	554	574	353	417
市政工程施工	2177	1375	1666	1748	1554	1484	1737
道路与桥梁工程施工	7785	6479	5232	5069	4433	4168	4402
铁道施工与养护	3318	2702	3070	2947	2171	1962	1990
水利水电工程施工	6953	5196	4718	3245	4012	2605	2971
水电站运行与管理						0	
水利工程运行与管理							180
工程测量	7196	6289	6640	6703	6129	6820	7056
土建工程检测	1208	997	620	685	615	759	1045
工程机械运用与维修	3480	3794	2767	3245	2973	2004	1788
机电排灌工程技术							36
水土保持技术							15
土木水利类专业	2032	652	1722	2101	1506	864	1146
合计	240140	172671	151149	144469	142655	151331	159860

2014~2020年各地区建设类中职专业招生人数　　表10-14

地区	招生人数						
	2014年	2015年	2016年	2017年	2018年	2019年	2020年
北京	1451	1025	729	509	150	198	362
天津	843	918	1245	1366	783	1059	1121

续表

地区	招生人数						
	2014年	2015年	2016年	2017年	2018年	2019年	2020年
河北	8506	7017	7100	7576	6612	8207	9804
山西	5528	3503	2854	3040	2517	2995	2860
内蒙古	6291	3000	2871	2277	1835	1751	1956
辽宁	3044	2257	1559	1642	1225	1346	1292
吉林	2766	1583	1818	1438	877	1253	1228
黑龙江	3156	1952	1579	1408	771	1099	1166
上海	2525	1937	2115	1569	1741	1664	1928
江苏	17392	10425	9388	9187	9111	10126	11591
浙江	11235	8767	8472	7887	7625	9134	9975
安徽	9186	14206	11786	11549	9268	10207	6250
福建	12756	8896	7569	6053	7053	7508	7932
江西	7302	3403	3383	2551	2722	2903	3783
山东	13194	9494	7590	7219	8271	8237	9534
河南	20422	16371	14050	15625	14739	17304	18028
湖北	5195	4322	3744	3287	3915	4756	4383
湖南	7368	5105	5165	5562	4992	4272	4375
广东	9895	6049	6194	4882	5602	4770	4541
广西	6604	6530	6307	6408	6970	8115	8808
海南	1136	710	673	772	762	738	915
重庆	11052	7152	3910	3579	3921	5043	6390
四川	21829	14983	13416	12681	11848	11357	12318
贵州	14737	9576	6550	6772	7216	6012	6219
云南	14739	11613	10200	9759	11460	10180	10511
西藏	2157	337	410	322	360	423	663
陕西	4529	1817	1529	1314	1101	1382	1455
甘肃	6036	2916	2554	2678	2744	3682	4403
青海	959	789	814	596	837	864	1008
宁夏	1926	1613	1346	1299	1293	1282	1290
新疆	6381	4405	4229	3662	4334	3464	3771
合计	240140	172671	151149	144469	142655	151331	159860

2014~2020年全国建设类中职专业在校生人数 表10-15

专业名称	在校生人数						
	2014年	2015年	2016年	2017年	2018年	2019年	2020年
建筑工程施工	361980	315402	248045	201890	188680	194618	205590
建筑装饰	62477	62640	61533	61215	63287	64156	68184
古建筑修缮与仿建	421	156	205	315	351	727	860
城镇建设	4056	3349	3210	1887	1811	2331	2170
工程造价	77897	73283	63157	55018	50366	50704	55169
建筑设备安装	6192	4979	4533	3371	3165	3653	3671
楼宇智能化设备安装与运行	5629	5697	6770	7263	7835	7687	7770
供热通风与空调施工运行	855	541	1092	868	714	216	90
建筑表现	1926	1504	1899	1760	2001	2221	2373
城市燃气输配与应用	1446	1350	1223	1405	1510	2226	2356
给水排水工程施工与运行	2335	1364	1575	1587	1242	1113	1091
市政工程施工	5732	4691	4628	4472	4618	3945	4168
道路与桥梁工程施工	23341	19815	16876	15060	13459	12335	12111
铁道施工与养护	11862	8001	8558	7528	6824	6030	6132
水利水电工程施工	17925	16033	14124	11011	11417	8981	8379
水电站运行与管理							
水利工程运行与管理							272
工程测量	20297	18474	17862	17262	17903	18569	20194
土建工程检测	2904	2639	2047	1910	1509	1785	2499
工程机械运用与维修	10561	10586	8875	8478	8273	7232	5996
机电排灌工程技术							36
水土保持技术							15
土木水利类专业	6174	1885	5426	5945	5251	3688	2916
合计	624010	552389	471638	408245	390216	392217	412042

2014~2020年各地区建设类中职专业在校生人数　　表10-16

地区	在校生人数						
	2014年	2015年	2016年	2017年	2018年	2019年	2020年
北京	4968	3614	2751	2058	1412	969	908
天津	2874	2291	3138	3529	3176	2862	2789
河北	25146	23734	22032	20590	19453	21119	24005
山西	16668	12307	10318	9337	8217	8123	7763
内蒙古	21859	11510	8921	6485	5649	4882	4904
辽宁	8696	6165	4532	3907	3785	3785	2955
吉林	7098	5333	4839	4504	3922	3535	3344
黑龙江	10331	6997	5419	4599	3468	3195	2968
上海	7531	6274	5722	5440	5379	4968	5206
江苏	47939	38624	32323	26509	27452	28923	30463
浙江	31743	28111	25308	24057	22930	23735	26519
安徽	24146	28497	25481	25828	23319	21005	14800
福建	29395	27842	23820	19178	16939	17622	20462
江西	16284	13643	10870	8524	8555	8280	9337
山东	35065	33633	26297	21951	21571	21329	24019
河南	50720	52643	46853	42244	42276	43793	48495
湖北	14865	11514	10963	10552	10346	11658	12754
湖南	18879	18321	15832	15118	14367	13640	12854
广东	28440	19091	20036	16603	15578	13999	13177
广西	18720	20296	20190	17836	18060	19300	20734
海南	2761	2331	1910	1803	1970	1917	2140
重庆	26449	25934	18096	12798	10159	11635	14530
四川	57542	47967	38893	31059	27491	27169	29436
贵州	27932	28893	22749	18554	19340	18269	17317
云南	32101	35118	30309	26912	27667	27556	29226
西藏	2432	771	990	1003	1037	994	1317
陕西	14344	8065	5888	3846	3315	3101	3395
甘肃	15623	10955	8041	6718	6707	7863	9085
青海	2346	2257	2209	2117	2193	2216	2423
宁夏	5369	5054	4150	3645	3351	3620	3653
新疆	15744	14604	12758	10941	11132	11155	11064
合计	624010	552389	471638	408245	390216	392217	412042

附 录

附录1　协会历届负责人一览

第一届理事会（1992年~1997年6月）

名誉理事长：侯捷

理事长：叶如棠

副理事长（按姓氏笔画排序）：王德楼、张玉祥、施昌田、祝自玉、秦兰仪、谢维义

秘书长：赵铁凡

副秘书长：尹福芬、李淑娟

第二届理事会（1997年6月~2002年5月）

名誉理事长：叶如棠

理事长：廉仲（1997~2000年）、郭锡权（2000~2002年）

常务副理事长：张玉祥（法人代表）

副理事长（按姓氏笔画排序）：马立增、王德楼、匡彦博、齐继禄、花浩元、李先逵、李竹成、陆海平、林寿、赵景贤、荣大成、祝家麟、秦兰仪、徐春太、谢维义

秘书长：耿品惠、荣大成

副秘书长：李淑娟、尹福芬

第三届理事会（2002年5月~2008年9月）

理事长：李竹成

副理事长（按姓氏笔画排序）：王亚忠、邓有义、齐继禄、李国强、荣大成

秘书长：李竹成（兼）

副秘书长：张金娣、耿品惠、董安徽

第四届理事会（2008 年 9 月 ~2014 年 10 月）

理事长：李竹成

副理事长（按姓氏笔画排序）：刘杰、向寒松、李国强、陈兴汉、武佩牛、荣大成、柯文进

秘书长：（空缺）

副秘书长：徐家华（主持秘书处工作）、邵华、李奇

第五届理事会（2014 年 10 月 ~2019 年 12 月）

理事长：刘 杰

副理事长（按姓氏笔画排序）：王凤君、朱光、李平、李守林、吴泽、沈元勤、陈曦、武佩牛、宫长义、姚德臣、黄秋宁、崔征、褚敏

秘书长：朱光（2014~2017 年）、王凤君（2017~2019 年）

副秘书长：李奇、胡晓光、张晶（2014 年 ~2019 年） 傅钰、赵研（2018 年 ~2019 年）

第六届理事会（2019 年 12 月 ~）

理事长：刘杰

副理事长（按姓氏笔画排序）：刁志中、王凤君、王广斌、王要武、方东平、叶浩文、李平、李守林、吴泽、赵峰、宫长义、徐家斌、高延伟、黄志良、崔征、崔恩杰、阎卫东、彭明、褚敏

秘书长：王凤君（2019 年 ~2022 年） 崔征（2022 年 4 月 ~）

副秘书长：李奇、胡晓光、傅钰、赵研（2019 年 ~2022 年）、邹积亭（2022 年 ~）

附录 2　秘书处人员名单（1992~2022）

员工姓名	任职时间（年）	员工姓名	任职时间（年）
叶如棠	1992~1997	张　雷	2005~2006
李淑娟	1992~1997	张　晶	2006~2018
李采芬	1992~1997	杨　苗	2009~2014
尹福芬	1992~2002	陆品才	2009~2014
秦兰仪	1992~2002	仇海洋	2010 至今
张玉祥	1992~2002	李亚楠	2010~2011
赵铁凡	1992~1997	李　欣	2011~2016
刘桂生	1992~1997	丁　乐	2012 至今
廉　仲	1997~2000	张　杰	2013~2016
耿品惠	1997~2008	王惠琴	2013 至今
郭锡权	2000~2002	王　菊	2013 至今
荣大成	2000~2014	王惠敏	2013 至今
李竹成	2002~2014	黄秋宁	2014~2015
张金娣	2002~2013	傅　钰	2014 至今
董安徽	2002~2014	孟　麟	2014~2016
徐家华	2002~2014	伊　宁	2014 至今
邵　华	2002~2014	刘　杰	2014 至今
张　明	2003~2007	朱　光	2015~2017
夏　宏	2003~2006	李　亮	2015~2016
王　娜	2003 至今	周小红	2015~2018
李　奇	2003 至今	李群高	2015~2016
高　静	2004~2013	张文龙	2016 至今
庄　严	2004 至今	钱　程	2016 至今
胡晓光	2004 至今	崔占杰	2016~2020
李春敏	2005~2013	段伊文	2016 至今

员工姓名	任职时间（年）
谷　珊	2016 至今
唐　琦	2016 至今
何曙光	2017 至今
王筱然	2017 至今
邢　正	2017~2022
王凤君	2017~2022
李　平	2017 至今
高淑贤	2019 至今
辛凤杰	2019 至今
常　莲	2019 至今
张国帅	2019 至今
王金城	2020 至今
宿　屹	2020 至今
刘亦琳	2020 至今
高　唱	2020 至今
李　玲	2020~2021
叶梓鋆	2021 至今
刘屹伟	2021 至今
张玮卿	2021 至今
赵　研	2021~2022
李成扬	2021 至今
邹积亭	2021 至今
崔　征	2022 至今
张　昊	2022 至今
袁　梅	2022 至今
尹一亮	2022 至今
张　平	2022 至今
荣　珺	2022 至今

附录 3　协会党支部历届支部委员会情况

2000~2002 年

支部书记：李竹成

支部委员：李淑娟、耿品惠

2002~2007 年

支部书记：李竹成

支部委员：耿品惠、董安徽

2007~2013 年

支部书记：李竹成

支部委员：张金娣、徐家华、邵华、董安徽

2013~2016 年

支部书记：李竹成、黄秋宁（代）

2016~2019 年

支部书记：张晶

支部委员：傅钰、李欣（2016 年）、谷珊（2016~2019 年）

2019~2022 年

支部书记：聂天胜（2019~2020 年）、王凤君（2020~2022 年）

支部副书记：李平（2020~2022 年）

支部委员：王惠琴、谷珊、唐琦、崔占杰（2019~2020 年）

2022 年 ~

支部书记：刘杰

支部副书记：崔征

支部委员：高淑贤、谷珊、唐琦、胡晓光、王金城

附录 4　协会分支机构简介

普通高等教育工作委员会

普通高等教育工作委员会是 1992 年 12 月协会召开第一届理事会全体会议期间，首批设立的 8 个分支机构之一，现有会员单位 31 家。自成立以来，普通高等教育工作委员会积极探索建设类高等院校及土建类专业教育的规律和特点，组织开展教育研究，交流办学经验，以全体会员年会、全国建筑类高等院校书记院（校）长论坛、科研课题立项、多媒体课件比赛、微课大赛、BIM 大赛等为抓手，推动与促进校协联合、校校联合、校企联合，力争在服务建筑行业、服务建筑类高校方面持续发挥好桥梁纽带作用。

高等职业与成人教育专业委员会

高等职业与成人教育专业委员会是 1992 年 12 月协会召开第一届理事会全体会议期间，首批设立的 8 个分支机构之一（其前身是 1989 年 10 月建设部人才开发司在无锡成立的全国建设系统成人高等教育协会），现有会员单位 222 家。自成立以来，高等职业与成人教育专业委员会紧密围绕建设类高等职业与成人教育领域热点难点问题，认真开展学习研究，探索发展路径、应用先进理念、积淀发展成果；通过各类会议以及论坛推进工作、凝聚人气、交流经验；开展课题研究，用项目引领院校教育教学；组织多样化培训、竞赛及活动，推广新技术、新理念，提升师生业务能力和技术水平；开展会员单位交流，互帮互助、协同创新，提供有效的咨询和服务。

中等职业教育专业委员会

中等职业教育专业委员会成立于 2003 年，现有会员单位 82 家。自成立以来，中等职业教育专业委员会紧紧抓住职业教育发展契机，在各会员单位共同努力下，扎实工作、求真务实，将年会交流与主题论坛相结合，将教育教学科研、技能大赛与专业建设、人才培养活动相结合，为建设类中职校持续发展提供支撑和支持，努力开创建设类中职教育新局面。

技工教育工作委员会

技工教育工作委员会是 1992 年 12 月协会召开第一届理事会全体会议期间，首批设立的 8 个分支机构之一，现有会员单位 19 家。自成立以来，技工教育工作委员会积极承担组织建设类技工院校人才培养教育的任务，依托我国建筑施工行业骨干企业的培训部门、技工学校和民办培训机构等单位，组织开展建设类教育领域的教育培训、经验交流、咨询服务、教材编研等活动，期间各会员单位相互学习交流，共同发展进步，在发展现代建设职业教育、扩大社会影响力等方面取得了成绩，推动和促进了建设技工教育工作的改革和发展。

继续教育工作委员会

继续教育工作委员会成立于 2003 年，现有会员单位 110 家，主要由各省建设教育相关主管部门、企事业单位、学校、企业等组成。自成立以来，继续教育工作委员会从建设行业教育的实际出发，不断研究继续教育工作的先进理论、有效途径和方式方法；积极承担上级主管部门委托的相关课题研究工作；开展咨询服务，及时向主管单位反映会员单位的诉求；不定期组织会员单位共建教材；搭建继续教育网络服务平台，为会员单位发布信息、横向交流、教育培训提供服务。

建筑企业人力资源（教育）工作委员会

建筑企业人力资源（教育）工作委员会成立于 2004 年（前身是“职工培训教育委员会”），于 2011 年改组并更改为现名称。自成立以来，建筑企业人力资源（教育）工作委员会致力于推广建筑企业及与建筑行业相关企业的人力资源开发与管理，教育培训的先进理念、方法、经验做法，先后举办了建筑与房地产企业人力资源教育培训论坛，召开了建筑企业人力资源管理培训工作会议，组织编写了《建筑企业人力资源管理实务》《建筑企业人力资源管理实务操作手册》，开展了装配式工程项目培训班和装配式建筑与工程总承包项目经理培训班等，为建筑企业人力资源和教育培训事业的发展出谋划策。

建设机械职业教育专业委员会

建设机械职业教育专业委员会是 1992 年 12 月协会召开第一届理事会全体会议期间，首批设立的 8 个分支机构之一（其前身是建设部建设机械人才开发办公室），现有会员单位 199 家。建设机械职业教育专业委员会积极承担组织建设类建设机械岗位人才职业教育的任务，依托我国建筑施工及建设机械行业的生产、制造、租赁、营销服务等龙头骨干企业的培训部门、行业高等院校、科研院所、职业院校、技工学校和民办机构等单位，组织开展建设机械职业教育领域的教育培训、资料编辑、经验交流、咨询服务、学术研究、教具研发、教材编研、国际合作等，推动和促进建设机械职业教育工作的改革和发展。

教育技术专业委员会

教育技术专业委员会成立于 2016 年，现有会员单位 45 家。自成立以来，教育技术专业委员会致力于推动高校、企业工程建设领域新技术的发展，开展学术研究、经验交流，积极促进“三教”改革，推动校企合作，提高工程建设领域教育质量和队伍素质，培养合格的建设人才。主要开展的工作如下：承办全国建设类院校施工技术应用技能大赛、BIM 数字工程技能创新大赛、鲁班杯全国高校 BIM 毕业设计作品大赛等全国性赛事；参与人力资源和社会保障部、住房和城乡建设部等国家部委的课题研究与标准编制；编制建设类院校装配式建筑实训基地建设标准、智能建造专业实训基地建设标准；围绕建筑业转型升级过程中的关键技术，组织行业、企业专家开展走进高校活动。

城市交通教育专业委员会

城市交通教育专业委员会（原“城市交通职工教育专业委员会”）成立于 2004 年，于 2019 年改组并更改为现名称，现有会员单位 21 家。自成立以来，城市交通教育专业委员会积极探索城市交通类中、高等院校及城市交通类专业教育的规律和特点，组织开展教育研究，交流办学经验，以全体会员年会、专题论坛、师资培训、技能大赛、教师下企业实践等为抓手，推动与促进校企合作、校协联手、校际联合，力争在服务城市交通行业、服务城市交通类专业建设方面持续发挥好桥梁纽带作用。

培训机构工作委员会

培训机构工作委员会成立于 2004 年，现有会员单位 113 家。自成立以来，培训机构工作委员会从建设事业实际出发，探索培训教育的规律和特点，探讨建设教育培训品牌创建及会员单位合作办学的模式，分析、预测建设行业培训市场发展趋势；开发培训项目，编写培训教材和资料；交流培训经验，开展培训机构培训质量评估工作。研究国内外培训机构开展培训教育的动态和经验，引进适应我国建设教育事业发展需要的国外新教材和新的教学模式，开展国际学术交流活动。

房地产专业委员会

房地产专业委员会成立于 2006 年，原名“房地产人力资源（教育）工作委员会”，于 2019 年改组并更改为现名称，现有会员单位 103 家。自成立以来，房地产专业委员会充分发挥房地产企业与专业高校的纽带作用，促进专业人才培养供给侧与企业需求侧平衡，开发职业标准和建立人才评价体系，开展专业人才体系建设和教育培训。通过专业案例教学、大学生专业竞赛等活动，提升会员雇主品牌影响力与专业人才素养，打通选、育、用的人才培养环节，促进房地产企业与全国高校房地产相关专业在人才培养、科研应用等方面深度合作；致力于紧缺型创新人才培养基地建设，为企业品牌打造、校园招聘等方面提供合作平台，以实际行动推动中国房地产“产学研用”一体化。

院校德育工作委员会

院校德育工作委员会成立于 2011 年，现有会员单位 60 余家，包含中职、高职、普通高等院校。自成立以来，院校德育工作委员会不断加强自身建设，开展教育教学、科技创新、交流协作等；持续开展涵盖思想政治理论专题辅导、教育教学方法辅导、案例解读、现场观摩教学等多种类型的培训工作；广泛开展院校交流，组织学校思想政治工作经验交流和学术研讨活动；扎实推进科研工作，组织理论研究与实践创新；协同开展重大课题攻关，组织有关会员单位联合申请全国教育科学规划课题等。

建筑工程病害防治技术教育专业委员会

建筑工程病害防治技术教育专业委会成立于 2018 年，现有会员单位 83 家。自成立以来，建筑工程病害防治技术教育专业委员会团结组织全国建筑工程病害防治从业者，致力于工程结构检测、鉴定与加固、白蚁防治技术、建筑防水等建设行业内相关领域的工作。主要包括：建筑工程病害防治技术交流与咨询；研发新职业岗位培训，搭建教学平台，录制相关教学课程；组织行业标准编制、教材编写；探索建筑工程技术咨询及工程项目服务的规律和热点，建立项目实施评价体系：合作研发易测 INSP，检测鉴定 JCPD、房屋安全排查 APP 系统等；合作搭建检测鉴定试验教学基地等。

文化工作委员会

文化工作委员会成立于 2019 年，现有会员单位 98 家。自成立以来，文化工作委员会以传播建设行业特色文化为主题，以构建建设行业核心价值体系为目标，以传统文化与时代精神相结合为特色，持续弘扬和传播建设教育优秀文化。持续举办建设行业文化论坛，开展建设行业文化建设示范单位交流活动，不断拓展载体，打造文化活动品牌，发挥文化育人功能，强化核心价值塑造，为协会和建设行业的改革发展提供文化支撑。

教学质量保障专业委员会

教学质量保障专业委员会成立于 2019 年，现有会员单位 87 家。自成立以来，教学质量保障专业委员会聚焦职业教育评价改革、内部质量保障体系建设和专业建设诊改与质量认证，组织开展教育教学研究，以召开全体会员年会以及常委会、举办学术论坛、优秀学习资料推送等为抓手，推动与促进校协联合、校校联合、校企联合，不断致力于以高品质的质量管理增强职业教育的适应性，推动建设类职业教育高质量发展。

现代学徒制工作委员会

现代学徒制工作委员会成立于2019年，现有会员单位93家。自成立以来，现代学徒制工作委员会积极探索建设类职业教育学徒制的规律和特点，组织开展交流、调研，以会议、论坛、学徒制案例竞赛等为抓手，跨区域推进建设类高职院校签订学徒制特色的合作协议，促进校协联合、校校联合、校企联合，力争在服务建筑行业、服务建设类职业院校、探索中国特色学徒制方面持续发挥好桥梁纽带作用。

建筑安全专业委员会

建筑安全专业委员会成立于 2019 年，现有会员单位近百家。自成立以来，建筑安全专业委员会致力于整合业内资源，形成合力，开拓国内建筑安全专业教育，以建筑安全学科建设为核心，搭建学校、企业、政府和社会各方面的合作平台，为建筑行业培养输送高层次安全专业人才，为建设工程各方主体提供安全技术支持，为建筑安全生产领域提供专业化服务，助力提升我国建筑业的安全管理水平，促进建筑业安全生产形势积极向好。

就业创业工作委员会

就业创业工作委员会成立于 2020 年，会员单位由普通高等院校、职业院校、培训机构、科研单位、社会组织和企业事业单位等组成。就业创业工作委员会致力于统筹建设教育领域优质资源的配置与共享，为会员单位间开展多方合作、就业创业等工作搭建交流与服务平台。在建设领域内，创新职业教育模式，强化职业技术技能培训，建立完善就业创业教育服务体系，提高就业创业人员自身素质和就业创业能力，加强会员间深度合作、协同发展与国际交流。

校企合作专业委员会

校企合作专业委员会成立于 2020 年，现有会员单位 86 家。自成立以来，校企合作专业委员会秉持共商、共建、共享、共赢、共生的宗旨，致力于整合政府、企业、院校、机构等资源，搭建校企合作示范平台。立足于全国建设教育行业高端，探索人才培养机制及终身学习机制，制定新时代人才培养标准及校企合作标准，促进科技成果的产出与转化，构建产学研一体化教育实践基地。主要开展的活动有“智能建造学科建设与工程实践发展论坛”“全国大学生智能建造与管理创新竞赛”“智能建造、绿色建造”研讨会、“科技引领建造，匠心铸就精品”5G 赋能精益建造技术应用观摩会、行业培训、《智能建造实训中心设置标准》编制等。

国际合作专业委员会

国际合作专业委员会成立于 2020 年，目前包含国内外本科、高职、中职、企业及国际培训机构等 31 家会员单位。国际合作专业委员会遵守国际法律法规，以加强建设教育国际交流与合作为宗旨，致力于搭建相关领域国际交流合作平台，深入开展行业内国际交流、协作、研究、服务、培训、认证、咨询等工作。自成立以来，国际合作专业委员会不断加强信息化建设，展示会员单位风采，并加强会员单位之间的沟通与联系，形成会员单位间强强联合、协同发展的良好模式；国际合作专业委员会利用资源优势，举办国际论坛 2 次。

附录 5 部分地方建设教育协会简介

河北省建设人才与教育协会成立于 1985 年，是经河北省民政厅审批注册具有法人资格的行业性、非营利性社会组织，为全国建设行业企业、建筑类院校、培训机构及建设教育工作者提供服务，是产教融合、校企合作的桥梁纽带，是主管部门的参谋助手。在学术交流和职业培训等方面作出了积极贡献，特别是在组织行业技能竞赛方面取得突出成绩。

山西省建设教育协会成立于 2004 年，2016 年完成与省住房和城乡建设厅脱钩工作，是依法设立、自主办会、服务为本、治理规范、行为自律的行业组织。多年来，协会团结和组织会员单位在开展建设人力资源开发管理的理论研究、经验交流、建设人才培训服务、人力资源管理改革、提高山西省建设职工队伍素质和人才管理水平等方面作出了积极贡献。特别是在党支部建设、大力推广 BIM 应用、开展职业技能大赛和创建农民工业余学校方面取得了突出成绩。

内蒙古建设教育和劳动协会成立于 2012 年，是服务自治区建设行业人才培养的非营利性社会组织。2020 年完成与自治区住房和城乡建设厅脱钩工作。多年来，协会在自治区住房和城乡建设厅、民政厅的指导和支持下，不断加强行业自律和自身建设，积极履行协会职责，在开展专业技术人员教育培训、咨询服务、学术交流、教材编写、标准编制、职称评审等方面作出了积极贡献。特别是在发挥政府和企业间的桥梁纽带作用、党支部引领作用和推动继续教育方面取得突出成绩。

辽宁省建设教育协会成立于 2011 年，2013 年以来一直被辽宁省民政厅授予“4A 级社会组织”称号。2014 年完成了与省住房和城乡建设厅的脱钩工作。多年来协会坚持“团结、凝聚、服务会员”的宗旨，扎实、有效开展各项工作，在搭建服务平台，开展系列活动；拓宽服务渠道，促进校企合作；组织学术研讨，推广教育成果；加强自身建设，增强服务意识等方面，为辽宁省建设教育事业的发展和建设行业人才队伍素质的提高作出了积极贡献。

特别是在举办职业技能大赛，推动职业教育改革；规范教育培训，夯实培训基础方面取得突出成绩。

黑龙江省建设教育协会成立于 1994 年，2020 年完成了与行业主管部门脱钩工作，2021 年被黑龙江省民政厅授予“4A 级社会组织”称号。多年来协会秉持“党的领导是生命之源，依法治会是生存之基，行业发展是立足之本”的理念，创新思维、开拓进取，服务行业高质量发展。在工程建设标准编制、岗位技能培训、搭建行业服务平台、开展技能竞赛、建设实训综合基地和全省农村垃圾治理体系建设等方面作出了积极贡献。特别是在党建工作、乡村建筑工匠培训、建筑产业工人培训、创新就业服务方面取得突出成绩。

江苏省建设教育协会成立于 2005 年，是江苏省“5A 级社会组织”。多年来协会始终坚持党的领导，全面贯彻新发展理念，在江苏省住房和城乡建设厅的指导下，团结依靠广大会员单位，围绕“为建设行业转型升级和高质量发展提供人才保障和智力支撑”这一目标任务，大力推进校企合作，对接产业需求，积极探索“产学研用”协同育人新路径，成功地构建了培赛考评多元化发展模式，培育了智慧教育科技赋能新优势，为高效服务区域经济社会发展，提升建设领域人才培养质量作出了突出贡献。协会自主开发的全国首个住房和城乡建设领域学分银行平台、全国首个住房和城乡建设行业培训机构信用评价管理平台以及覆盖住房和城乡建设领域各专业门类的远程培训平台等，有效提升了全行业人才培养、使用、管理和服务工作效能，发挥了社会组织参与行业综合治理的积极作用。

安徽省建设教育与专业技术协会（原安徽省专业技术协会）成立于 2001 年，是在安徽省住房和城乡建设厅指导下，为全省建设教育及专业技术人员服务的非营利性社会组织。多年来协会在开展建设教育学术研究、协作交流、职业技能竞赛、专业培训、人才培养和社会服务等方面作出了积极贡献。特别是在安徽省建设行业专业技术人员继续教育，协助安徽省住房和城乡建设厅人事教育处、职改办在开展建设工程职称评审工作方面取得突出成绩。

山东省建设科技与教育协会成立于 2020 年，是经山东省民政厅登记，为提升山东省建设科技水平，推动住房和城乡建设事业高质量发展而成立的省级社会团体。协会自成立以来坚持“创新、协调、绿色、开放、共享”的发展理念，团结和组织全省建设科技与教育工作者，协助业务主管部门，在开展建设科技与教育管理、学术研究、协作交流、教育培训和服务，深化产教融合、促进技术创新，提高建设工作者的素质，培养合格的建设人才等方面作出了积极贡献。特别是在助力脱贫攻坚、推动乡村振兴、保护消费者权益、举办“齐鲁建设科技大讲堂”和职业技能竞赛方面取得突出成绩。

河南省建设教育协会成立于 1994 年，是经河南省民政厅登记、具有法人资格的省级社会团体，设有 6 个分支机构，现有 200 余家会员单位。协会是河南省“5A 级社会组织”、全省先进社会组织、河南省专业技术人员继续教育基地、教育部现代学徒制试点单位。多年来协会紧紧围绕河南省住房和城乡建设行业发展大局，积极搭建平台，深入推进行校企合作，在教材编写、课程开发、师资培训、团标建设、学科及技能竞赛、新技术推广、捐资助学等方面取得了优异成绩，为河南省建设行业人才培养作出了突出贡献。

湖北省建设教育协会成立于 1996 年，是全省性、行业性、非营利性社会团体。2017 年被湖北省民政厅授予“5A 级社会组织”称号。2018 年完成了与省住房和城乡建设厅脱钩工作。多年来协会坚持“党建强会，政治引领，依法办会，自律管理，提升协会品牌价值”的发展理念，在服务社会、服务行业、服务企业、服务会员等方面作出了积极贡献。特别是在建设领域现场专业人员职业培训和继续教育网络学习平台建设、“1+X”建筑信息模型（BIM）、装配式试点工作方面取得突出成绩。

湖南省建设人力资源协会成立于 1993 年，2019 年以来一直被湖南省民政厅授予“5A 级社会组织”称号。2016 年按国家要求完成了与省住房和城乡建设厅脱钩工作，是全国装配式建筑人才教育联盟副理事长单位、省级专业技术人员继续教育基地和“湖南省社会培训评价机构”。多年来协会坚持“明责、优服、精干、资良”的办会宗旨，在加强自身建设、培训管理、继续教育、课题研究、技能竞赛以及发挥参谋助手和桥梁纽带作用等方面作出了积极贡献。特别是在服务行业人才素质提升、建筑工人职业技能培训模式创新、综合信息管理系统建设以及把党的建设深度融入协会各项工作方面取得突出成绩。2021 年，在中国共产党百年华诞之际，协会党支部被湖南省委“两新”工委授予“先进基层党组织”荣誉称号。

广东省建设教育协会成立于 2003 年，现为广东省“5A 级社会组织”，2016 年完成与广东省住房和城乡建设厅的脱钩工作。协会在探索发展中积极寻求转型升级道路，坚持“为广东建设教育工作服务，为培养高素质的建设人才服务”的办会宗旨，秉持“党建引领、匠心服务、协同共进”发展理念，扎实工作，锐意进取，在做好政府部门参谋助手、助推在广东省落实“1+X”证书制度、开展协作交流、教育培训、考核评价、工作咨询和社会服务等方面作出了积极贡献。特别是在建设行业职业技能竞赛、文化建设、教育信息化和规范化建设方面取得突出成绩。

广西建设教育协会成立于 2000 年，先后 2 次被自治区民政厅授予“5A 级社会组织”称号。在自治区住房和城乡建设厅、民政厅的指导下，团结组织全区建设教育工作者开展学术研究、协作交流、工作咨询、行业教育培训和社会服务，积极推动行业教育改革，认真履行“提供服务、反映诉求、规范行为”的职责，充分发挥了政府、企业、院校、培训机构之间的桥梁纽带作用，为培养高质量的住房和城乡建设人才，发展社会主义住房和城乡建设教育事业完成了大量扎实有效的工作。特别是在组织行业技能竞赛、建设“三新”（新技术、新规范、新成果）技术网络培训方面取得突出成绩。

四川省建设人才开发促进会成立于 2010 年，是四川省民政厅和住房和城乡建设厅批准成立的全省性社会团体。2020 年完成了与省住房和城乡建设厅的脱钩工作。多年来，协会坚持开拓创新，积极为四川省建设行业人才发展服务，在加强协会党支部建设和自身建设，开展各类教育培训、学术研讨、对外交流、职业技能竞赛，促进校企合作、校校合作、产教融合和助力脱贫攻坚等方面作出了积极贡献，特别是在装配式建筑产教融合示范基地建设、职业技能证书考评管理与服务方面取得了突出成绩。

贵州省建设执业资格教育促进会成立于 2014 年，是经贵州省民政厅审批注册具有法人资格的行业性、非营利性社会组织。多年来，协会坚持以服务为宗旨，在积极反映工程师及工程师聘用企业的诉求，维护会员的合法权益；规范工程师及工程师聘用企业行为，提高会员的执业素质；开展同行间的交流，促进工程建设水平提高和建筑业发展；贯彻建设行政主管部门有关方针政策，发挥桥梁纽带和参谋助手作用等方面作出了积极贡献，特别是在持续开展执业资格继续教育和扶贫攻坚工作方面取得突出成绩。

陕西省建设教育协会成立于 2011 年，2018 年以来一直被省民政厅授予“4A 级社会组织”称号。2016 年完成了与省住房和城乡建设厅脱钩工作。多年来协会坚持“求实、创新、协作、共赢”的精神和以人为本、人才强省的理念，以培养建设人才、提高业务技能为己任，在组织全省建设教育工作者开展调查与研究、信息收集与统计、经验交流与合作、工作咨询、教育培训、社会服务以及推进教育改革，提高建设职工队伍素质等方面作出了积极贡献。特别是在加强党支部建设、助力脱贫攻坚、组织开展职业技能大赛、落实“1+X”证书制度方面取得突出成绩。

宁夏建设教育协会是于 2003 年 5 月由自治区住房和城乡建设厅组建，经自治区民政厅注册登记的非营利性社会组织。多年来，协会围绕自治区住房和城乡建设事业发展的总体目标，坚持“立足行业，服务企业，为促进宁夏建设教育和人才培养工作健康发展贡献力量”的宗旨，加大基础投入，健全完善制度，规范工作程序，发挥职能，促进沟通交流，在服务会员单位等方面作出了积极贡献。

附录 6 协会大事记

1991 年

8 月，建设部领导作出批示，同意将建设系统原有的九个教育社团合并为一个，定名为“中国建设教育协会”。

12 月，协会成立的报批方案以建设部的名义正式报民政部。

1992 年

10 月 13 日、14 日，中国建设教育协会首届理事会（代表会议）筹备组（扩大）会议召开。会上确定协会为一级建设类专业性社团，并具有法人资格。

12 月 23 日，中国建设教育协会成立大会暨第一届理事、一届一次常务理事会议在山东烟台举行。建设部部长侯捷向大会发来了贺信。常务副部长叶如棠在大会上作重要讲话。在协会第一届理事会全体会议上，设立了普通高等教育等 8 个专业委员会。

1993 年

受建设部人事教育劳动司委托，协会承担组织建设系统学校、企业和地方教育主管部门负责人、骨干等的出国考察、培训工作。如，赴加拿大开展建设监理和职业培训考察，赴德国开展职业技术教育考察。

1994 年

1 月，《建安技校报》更名为《建设技校报》，建设部常务副部长叶如棠为报刊题字“办好技工学校，是提高建筑业队伍素质的重要环节”。

2 月 26~28 日，协会第一届二次常务理事会在北京召开。

4 月，建筑职工培训教育委员会成立大会在北京召开。

10 月，职业高中教育委员会成立大会在江苏南京召开。

1995 年

3 月 28~30 日，第一届三次常务理事会在北京召开。建设部副部长毛如柏到会并作重要讲话。

12 月，中国建设教育协会培训中心成立。

1996 年

3 月 27~29 日，第一届四次常务理事会在北京召开。建设部副部长毛如柏同志到会并作重要讲话。

10 月，由建设部主办，部人事教育劳动司、中国建设教育协会参与组织的“建设现代化与教育”国际学术会议在北京召开。会议期间，邹家华副总理接见了部分会议代表，并作了重要讲话。建设部副部长毛如柏任组委会主席，并在开幕式上作了主题演讲，在闭幕式作了讲话。

协会组织了赴美国的职工、职业教育考察团。

1997 年

6 月 20 日 ~7 月 15 日，协会第二届会员代表大会暨二届一次理事会通讯会议召开。

4 月、6 月、7 月，协会组织由建设系统高校建筑院（系）负责人组成的“高等建筑教育考察团”和由地方建设主管部门教育处长组成的“建设职工教育考察团”赴德国考察。

6 月，协会在云南玉溪召开“全国建设类双元制试点学校第七次研讨会”，建设部副部长毛如柏出席会议，发表了题为《认真学习德国双元制职业教育经验，改革和发展建设职业教育》的讲话。

9 月 25~26 日，协会第二届一次常务理事会在北京召开。建设部部长侯捷到会并作了重要讲话。

11 月、12 月，协会组织“建设职业教育考察团”和“建设职工教育考察团”赴美国考察。

1998 年

10 月 15~18 日，协会第二届二次常务理事会在江苏南京召开。

11 月 10 日，协会邀请有关省市建设教育主管部门，建设系统不同层次的院校和培训机构，协会分支机构、会员单位和地方建设教育协会共同进行建设教育思想和教育观念改革大讨论。

1999 年

1 月 12~15 日，协会在云南昆明召开了“双元制”试点职业学校校长研讨会，协会组织了 7 个学习考察团赴德国、加拿大、美国和比利时考察教育工作。

2000 年

3 月 30 日 ~ 4 月 2 日，协会理事长扩大会议在上海召开。

4 月，经建设部直属机关党委批准，成立中国建设教育协会党支部。

11 月 14 日 ~ 17 日，协会第二届三次常务理事会在浙江嘉兴举行。廉仲同志不再担任协会理事长，郭锡权同志任协会理事长；荣大成任协会副理事长兼秘书长。

2000 年，受建设部人事教育司委托，协会牵头，参与并完成了“建设教育‘十五’计划和 2015 长远规划”的前期研究报告。

2001 年

5 月 29 日 ~ 6 月 1 日，第一届地方建设教育协会联席会议在湖南长沙召开。

11 月 30 日 ~ 12 月 3 日，协会第二届四次常务理事会在福建福州召开。会上决定，以庆祝中国建设教育协会成立十周年为契机，开展有关活动。

2002 年

2 月 27 日，“中国建设教育网”正式开通。

2月，《中国建设教育》经建设部和北京市出版局批准，作为“内部资料”创刊出版。建设部副部长傅雯娟为《中国建设教育》的创刊写了“新刊寄语”。

4月9日，建设部正式将“建设机械人才开发办公室”并入中国建设教育协会，筹组“中国建设教育协会建设机械职工教育专业委员会”。

5月21~23日，协会会员代表大会暨第三届理事会一次会议在北京召开。建设部副部长傅雯娟到会讲话。会议选举李竹成同志为理事长。

9月9~12日，由中国建设教育协会、天津大学和天津城市建设学院联合主办的第46届世界大会学校会议——大学生论坛在天津城市建设学院举行。

10月23~25日，第二届地方建设教育协会联席会议在湖北武汉召开。

12月24~28日，第三届二次理事（扩大）会议暨庆祝中国建设教育协会成立十周年大会在海南举行。建设部傅雯娟副部长为大会发了贺信。建设部原常务副部长、中国建设教育协会首任理事长叶如棠、廉仲和中央纪委驻建设部纪检组原组长、中国建设教育协会原理事长郭锡权为协会成立十周年题了词。会议决定聘请叶如棠同志为中国建设教育协会名誉理事长。

2002年，协会首次开展了课题研究立项工作。

2003年

3月29日，协会与德国汉斯·赛德尔基金会签订合作协议，在中高等职业教育领域开展推进改革的试点工作。

8月，“城市交通职工教育专业委员会”经民政部批准成立。

10月10~12日，协会第三届三次常务理事（扩大）会议在北京召开。

11月4~5日，协会在南京职业教育中心召开了“学习德国职业教育经验、深化高等职业教育改革”研讨会。

11月25~28日，第三届地方建设教育协会联席会议在广西南宁召开。

2004年

4月，受建设部人事教育司的委托，协会启动《建设事业“十一五”人才队伍建设规划》课题的前期研究。

4 月 10~12 日，由中国建设教育协会举办、四川建筑职业技术学院承办的“全国建设高等职业教育研讨会”在四川成都召开。

7 月，成人高等教育委员会更名为高等职业与成人教育专业委员会。

8 月 10 日，原普通中专教育专业委员会、成人中专教育专业委员会、职业高中教育专业委员会合并组建成“中等职业教育专业委员会”。成立同时，原“中等专业教育专业委员会”与“职业高中教育委员会”两机构取消。

8 月 13~15 日，第四届地方建设教育协会联席会议在黑龙江哈尔滨召开。

9 月 24~27 日，中国建设教育协会（2004）会员代表大会暨建设行业创建学习型组织研讨会在江苏南京召开。中纪委驻建设部纪检组组长姚兵应邀到会，并作了题为《现代企业文化的以人为本原则》的演讲。建筑企业教育专业委员会在会议期间宣布成立。

2004 年，协会受教育部、建设部委托，组织开展全国教育科学“十五”规划国家级课题《学历证书与职业资格证书相互转换的理论与实践研究》的子课题——《建设行业证书与职业资格证书相互转换的理论与实践研究》的研究。

2005 年

5 月 27~30 日，第五届地方建设教育协会联席会议在安徽黄山召开。

6 月 18~19 日，首届全国建筑类高等学校书记、院（校）长论坛在沈阳建筑大学召开。论坛主题：科学发展观、城市化进程、高校的办学特色。建设部副部长傅雯娟等出席了论坛并作重要讲话。

9月，协会和中国建筑工业出版社联合举办第一届建筑类多媒体课件大赛。

12 月 19 日，协会第三届五次常务理事会议在北京召开。

2006 年

4 月 20~21 日，协会第三届六次常务理事会暨四次理事会在山东青岛召开。

4 月，协会决定开展建设行业专业技术管理人员职业资格培训工作，并确定先启动量大面广的六个关键岗位：施工员（工长）、质检员、安全员、材料员、资料员、监理员。

9月27~28日，第二届全国建筑类高校书记、校（院）长论坛在山东建筑大学举办。论坛主题：建设行业可持续发展与建设高等教育。建设部副部长黄卫发表了题为《行业发展与建筑高等教育改革》的演讲。

11月，协会房地产教育专业委员会成立。

11月14~16日，第六届地方建设教育协会联席会议在四川成都召开。

2007年

3月中旬，协会第三届七次常务理事会议在北京召开。

10月12~13日，第三届全国建筑类高校书记、院（校）长论坛在北京建筑工程学院举行。建设部副部长齐骥出席会议并作重要讲话。论坛主题：面向21世纪，在现代大学制度下如何全面提升建筑类高校为行业服务的竞争力。

2008年

1月25日，协会第三届八次常务理事会议在北京召开。

5月12~15日，第七届地方建设教育协会联席会议在海南海口召开。

7月28日~8月1日，第四届全国建筑高校书记、院（校）长论坛在安徽合肥召开。论坛主题："全面实施本科教育（质量工程）积极推进建筑类高校科学发展"。

9月21~23日，第四届会员代表大会暨建设教育科学发展论坛在北京召开。建设部副部长黄卫到会祝贺并发表重要讲话。

10月，协会在山东建筑大学组织举办"首届广联达杯全国高校学生算量大赛"。

2009年

2月17日，协会第四届一次常务理事会议在北京召开。

4 月，经民政部批准，“中国建设教育协会建设机械职工教育专业委员会”更名为“中国建设教育协会建设机械职业教育专业委员会”。

5 月 27~29 日，第八届地方建设教育协会联席会议在云南昆明召开。

8 月 20~23 日，协会第五届全国建筑类高校书记、校（院）长论坛在吉林建筑工程学院举办。论坛主题：科学发展与特色创新。

8 月 26~29 日，首届全国建设类高等职业院校书记、校（院）长论坛在黑龙江哈尔滨举办。论坛主题：高职教育、改革创新、科学发展。

12 月 27~28 日，协会第四届二次理事会议在深圳召开。

2009 年，协会成立了专家委员会，并制定了《中国建设教育协会专家委员会管理办法》。

2009 年，第一届全国高等院校学生“斯维尔杯”BIM 系列软件建筑信息模型大赛举行。

2009 年，全国职业院校技能大赛中职组建设职业技能比赛举行。

2010 年

1 月 25 日，协会业务主管部门由教育部正式变更为住房和城乡建设部。

3 月 20 日，协会第四届二次常务理事会议在天津召开。

7 月 8~11 日，第九届地方建设教育协会联席会议在山西太原召开。

7 月 26~29 日，第二届全国建设类高等职业院校书记、校（院）长论坛在内蒙古呼伦贝尔召开。论坛主题：高职教育 · 改革创新 · 科学发展。

8 月 2~5 日，第六届全国建筑类高校书记、校（院）长论坛在河北张家口举办。论坛主题：落实《国家中长期教育改革和发展规划纲要》、推进“十二五”期间建筑类高校科学发展。

8 月 15~21 日，首届全国高等院校建筑类专业优秀学生夏令营在北京举办。活动主题：仰望星空、脚踏实地。

10 月 29 日，由中国建设教育协会主办的首届“广联达杯”全国高校工程项目管理沙盘模拟大赛在天津大学举行。

11 月 3 日，协会召开第四届三次常务理事通讯会议。

2011年

2月10~12日，协会第四届四次常务理事会议在黑龙江哈尔滨召开。

5月，第十届地方建设教育协会联席会议在河南郑州召开。

8月13~21日，第二届全国高等院校建筑类专业优秀学生夏令营在北京举行。活动主题：责任、创新、奉献。

9月16日，协会第四届五次常务理事会议在北京召开。期间，“房地产企业教育专业委员会”更名为“房地产企业人力资源工作委员会”；“建筑企业教育专业委员会”更名为“建筑企业人力资源工作委员会”。

10月27~30日，第七届全国建筑类高校书记、院（校）长论坛在湖南益阳举行。论坛主题：以全面提升办学质量为核心，努力实现“十二五”期间建设类高校发展规划。

11月4~6日，第三届全国建设类高等职业院校书记、校（院）长论坛在浙江杭州举行。论坛主题：改革、开放、创新、发展。

12月19~21日，协会第四届三次理事（扩大）会议在海南三亚召开。期间，成立了院校德育工作委员会。

2012年

3月27日，协会第四届六次常务理事会议在北京召开。

4月26~27日，第十一届全国地方建设教育协会联席会议在浙江杭州召开。

7月31日，第三届全国高等院校建筑类专业优秀学生夏令营在北京举行。活动主题：心怀梦想、描绘蓝图。

8月7~8日，第八届全国建筑类高校书记、校（院）长论坛于在山东青岛召开。论坛主题：文化引领、创新发展、提升内涵。

12月10日，中国建设教育协会成立二十周年庆祝大会在北京建筑工程学院举办。住房和城乡建设部部长姜伟新发来贺信，副部长郭允冲出席大会。

2013 年

3 月 18 日，协会第四届八次常务理事会议在北京召开。

8 月 10~16 日，第四届全国高等院校建筑类专业优秀学生夏令营在北京举行。活动主题：梦想启航。住房和城乡建设部副部长王宁、原纪检组组长姚兵出席第四届夏令营活动。

10 月 12~13 日，第九届全国建筑类高校书记、校（院）长论坛于在河南平顶山召开。论坛主题：提升文化内涵、促进科学发展。

10 月 28~30 日，第十二届全国地方建设教育协会联席会议在云南腾冲召开。

2014 年

2 月 18 日，协会第四届十次常务理事会在北京召开。

5 月 17~18 日，第五届全国高校“斯维尔杯”BIM 系列软件建模大赛在沈阳建筑大学、江西南昌大学同步举行。

7 月 30 日 ~8 月 8 日，第五届全国高等院校建筑类专业优秀学生夏令营在北京举行。活动主题：开拓建筑人生。

8 月 15~16 日，第六届全国建设类高职院校书记、院长论坛在山西建筑职业技术学院召开。论坛主题：加快发展现代职业教育。

9 月 3~5 日，第十届全国建筑类高校书记、校（院）长论坛在天津召开。论坛主题：推进建筑类高校治理能力现代化。

10 月 12 日，中国建设教育协会第五届会员代表大会、五届一次理事会在北京召开。会上宣读了住房和城乡建设部副部长王宁对会议的批示。刘杰同志当选第五届理事会理事长。

2015 年

3 月 27~29 日，第十三届全国地方建设教育协会联席会议在江苏苏州召开。

5 月 9~10 日，第六届全国中、高等院校学生“斯维尔杯”建筑信息模型（BIM）应用技能大赛总决赛在华中科技大学和哈尔滨工业大学同步举行。

7月1~4日，2015年全国职业院校技能大赛中职组建设职业技能比赛于在天津举办。

7月29日~8月6日，第六届全国高等院校建筑类专业优秀学生夏令营在北京举行。主题：激情、沟通、超越。

10月9~11日，协会主办的全国中、高等院校BIM应用比赛——第八届BIM算量大赛暨第六届BIM施工管理沙盘及软件应用大赛在北京建筑大学和武汉理工大学顺利举办。

10月26~27日，苏州科技学院承办的第十一届全国建筑类高校书记、校（院）长论坛于在江苏苏州召开。论坛主题：新常态下高等建筑教育发展。

2016年

3月，首届全国建筑仿真教学课程设计大赛举办。

3月26~27日，协会第五届四次常务理事会暨五届二次理事会在北京召开。

5月9~12日，2016年全国职业院校技能大赛中职组建设职业技能比赛在天津举办。

5月10日，协会正式获批成为国家开放大学学习成果认证中心建筑行业认证分中心。

6月4日，第七届全国中、高等院校学生“斯维尔杯”建筑信息模型（BIM）应用技能大赛总决赛在山东建筑大学和四川大学两个赛区联网同步举办。

6月22日，学习成果认证中心建筑行业认证分中心在中国建设教育协会正式挂牌。

8月5~14日，第七届全国高等院校建筑类专业优秀学生夏令营在江苏南京开幕，在江苏苏州闭幕。活动主题：科技引领时尚、创意改变未来。

8月，《中国建设教育发展年度报告（2015）》出版，住房和城乡建设部副部长易军应邀为《发展报告》作序。

8月12~14日，第十四届全国地方建设教育协会联席会议在内蒙古鄂尔多斯召开。

10 月 23 日，协会主办的全国中、高等院校 BIM 应用技能比赛——第九届 BIM 算量大赛暨第七届 BIM 施工管理沙盘及软件应用大赛总决赛分别在河南工业大学和吉林建筑大学举办。

10 月 29 日，全国建筑信息化教育论坛成立大会在北京举行。

11 月，2016 年中国技能大赛——“松大杯”全国中央空调系统职业技能竞赛总决赛在北京举办。

12 月 4 日，首届全国建设类院校施工技术应用技能大赛在西安西京学院举办。

12 月 22 日，西安建筑科技大学承办的第十二届全国建筑类高校书记、校（院）长论坛在陕西西安召开。论坛主题：五大发展理念下建筑类高校的改革与创新。

12 月 25 日，由全国住房和城乡建设职业教育教学指导委员会、中国建设教育协会联合主办的 2016 年全国中等职业学校建设职业技能竞赛在江苏城乡建设职业学院举行。

2016 年，协会受住房和城乡建设部委托组织编写的《市政公用设施运行管理人员职业标准》正式颁布实施。

2017 年

3 月 8 日，协会参与民政部全国性社会组织评估工作，获评民政部 3A 级社团。

5 月 13~14 日，协会组织的全国 BIM 应用技能第一次考评在全国范围内开展。

5 月 26 日 ~ 6 月 5 日，全国职业院校技能大赛中职组建设职业技能比赛分别在山东青岛、江苏南京举办。

5 月，第八届全国中、高等院校“斯维尔杯”BIM（建筑信息建模）大赛总决赛在浙江理工大学、吉林建筑大学同步举行。

7 月 14~15 日，协会第五届六次常务理事会暨五届三次理事会、第十五届全国地方建设教育协会联席会议在黑龙江哈尔滨召开。

8月13~19日，第八届全国高等院校建筑类专业优秀学生夏令营在北京举行。主题：大国工匠、建设未来。

8月21日，协会正式加入建筑行业学习成果互认联盟。

9月，协会与德国汉斯·赛德尔基金会联合举办中德合作绿色建筑专业技术研讨会。会议主题：绿色建筑。

10月21日，第二届全国建筑类院校虚拟建造综合实践大赛在山东城市建设职业学院举办。

10月27~29日，2017年全国高等院校BIM应用技能比赛在江苏建筑职业技术学院和长沙理工大学同期举行。

11月3日，山东建筑大学承办的第十三届全国建筑类高校书记、校（院）长论坛于在山东济南召开。论坛主题：认真学习宣传贯彻党的十九大精神，加快推进建筑类高校双一流建设。

12月23~24日，2017年全国建设职业技能竞赛在江苏城乡建设职业学院举办。

2017年底，协会受住房和城乡建设部人事司委托，启动编制《装配式建筑专业人员职业标准》《装配式建筑职业技能标准》。

2017年，《建设技校报》更名为《建设技工教育》。

2018年

3月17日，第二届全国建筑信息化教育论坛在上海同济大学召开。

4月26日~5月9日，由住房和城乡建设部主办，中国建设教育协会、中国城镇供水排水协会等共同承办的第45届世界技能大赛全国住房和城乡建设行业选拔赛举办。

7月19~20日，江苏省建设教育协会承办的第十六届全国地方建设教育协会联席会议在江苏南京召开。

7月30日~8月7日，第九届全国高等院校建筑类专业优秀学生夏令营在广州举行。活动主题：大国工匠、建设未来。

9月15日，“改革开放与中国特色社会主义建设教育”理论研讨会在吉林建筑大学召开。

9月21日，沈阳建筑大学承办的第十四届全国建筑类高校书记、校（院）长论坛于在辽宁沈阳召开。论坛主题：新时代、新工科、新发展——建筑类高校内涵建设与发展。

10月13~15日，第三届全国建筑类院校虚拟建造综合实践大赛在邢台职业技术学院举办。

10月21日，2018年全国高等院校BIM应用技能比赛在四川成都、江苏常州两地举办。

11月6~9日，由中国建设教育协会主办，中等职业教育专业委员会组织实施的首届全国建设类中职学校书记、校长论坛在广西桂林举办。论坛主题：职业教育内涵发展与质量提升。

12月23日，由住房和城乡建设部人事司指导，中国建设教育协会主办的2018年全国职业院校建设教育杯职业技能竞赛在江苏城乡建设职业学院举办。

2019年

1月，协会党支部进行换届，选举产生5名支部委员。办公室副主任聂天胜任党支部书记。

3月22~23日，协会第五届九次常务理事会和五届五次理事会在浙江杭州召开。

4月4日，全国高等院校首届“绿色建筑设计”技能大赛圆满收官。

4月15日，协会发起成立的廊坊市中科建筑产业化创新研究中心确认成为首批五家“1+X”证书制度试点、首批职业教育培训评价组织之一。

5月11~12日，由中国建设教育协会主办，河南城建学院承办的首届建设行业文化论坛在河南城建学院举行。论坛主题：传承·创新·发展。

5月11日，第十届全国高等院校“斯维尔杯”建筑信息模型（BIM）应用技能大赛总决赛在甘肃兰州、广西南宁同步举行。

6月，协会党支部召开“不忘初心、牢记使命”主题教育活动动员大会，刘杰理事长作动员讲话。

6月14日，福建工程学院承办的第十五届全国建筑类高校书记、校（院）长论坛于在福建福州召开。论坛主题：《中国教育现代化2035》及“一带一路”倡议下建筑类高校深化综合改革与高质量人才培养。

6月15~16日，协会举办了《国家职业教育改革实施方案》文件解读和“1+X”证书制度等职业教育热点问题研讨会。

7月10日，协会成立脱钩工作领导小组，正式启动脱钩工作。

7月25日~8月3日，第十届全国高等院校建筑类专业优秀学生夏令营在贵州贵阳、重庆两地举行。论坛主题：传承、创新、超越。

8月22~24日，湖北省建设教育协会承办的第十七届全国地方建设教育协会第一次联席会议在湖北宜昌召开。

9月22日，在廊坊市中科建筑产业化创新研究中心的组织下，“1+X”建筑信息模型（BIM）职业技能等级证书首次试考工作顺利完成。

10月20日，全国高等院校BIM应用技能大赛于江苏南京、湖南长沙两地举办。

11月6日，“1+X”建筑信息模型BIM职业技能等级证书首次全国考点考前动员会暨首批试考证书颁发仪式在河北廊坊召开。

11月13~15日，由中国建设教育协会、中国就业培训技术指导中心、住房和城乡建设部科技与产业化发展中心联合开展的“2019年中国技能大赛——第二届全国装配式建筑职业技能竞赛”分别在北京昌平和江西九江举行。

12月7~9日，首届全国建设类技工院校院（校）长、书记论坛在安徽合肥举办。论坛主题：建设类技工学校的发展机遇和挑战。

12月20日，协会第五届十次常务理事会议在深圳召开。

12月21日，中国建设教育协会第六届会员代表大会、六届一次理事会在深圳召开。刘杰同志当选第六届理事会理事长。

12月25~27日，第二届全国建设类中职学校书记、校长论坛在湖南长沙举办。论坛主题：围绕“三教”改革，提升人才培养质量。

2020年

1月10日，《装配式建筑专业人员职业标准》《装配式建筑职业技能标准》编写启动会在北京召开。

1月，协会党支部改选，协会副理事长兼秘书长王凤君任党支部书记，副理事长李平任副书记。

3月1日，受人力资源和社会保障部职业技能鉴定中心委托，中国建设教育协会承担《建筑信息模型技术员国家职业技能标准》的组织编制工作。

6月，协会参与湖北职业教育赋能提质专项行动，无偿对湖北省高校未就业毕业生、退役军人、农民工等群体开展职业技能教育培训。

6月5日，协会主办的首届全国高校"品茗杯"BIM应用毕业设计大赛总决赛正式开幕。

6月6日，第二届全国高等院校"绿色建筑设计"技能大赛圆满收官。

6月13日，第十一届全国高等院校学生"斯维尔杯"BIM-CIM创新大赛举办。

7月7日，受住房和城乡建设部委托，协会组织筹备第一届全国技能大赛住房和城乡建设行业选拔赛。

8月15日，协会第六届二次常务理事会以线上线下相结合的方式在贵州贵阳召开。

8月29日，安徽建筑大学承办的第十六届全国建筑类高校书记、校（院）长论坛暨第七届中国高等建筑教育高峰论坛在安徽合肥举办。论坛主题：建筑类高校持续提升育人水平的研究与实践。

9月17~19日，由河南省建设教育协会承办的第十七届全国地方建设教育协会第二次联席会议在河南开封召开。

9月19日，中国建设教育协会校企合作专业委员会成立大会在北京召开。

10月12日，《部属建筑类高校发展与变迁》第一次编审工作会议在沈阳建筑大学召开。住房和城乡建设部原副部长齐骥莅临指导。

10月13日，中国建设教育协会国际合作专业委员会第一届会员代表大会暨成立大会在沈阳建筑大学召开。住房和城乡建设部原副部长齐骥出席会议。

10月24日，第十二届全国建设类高职院校书记、校（院）长论坛在宁夏银川举行。主题：新时代、新基建、新要求、新发展。

10月31日，第二届建设行业文化论坛暨建设行业文化建设示范单位授牌等系列活动在江苏徐州举行。

11月初，协会在党建、资产、办公用房和外事方面顺利完成脱钩工作。

11月，协会组织会员单位参加第二十届中国国际城市建设博览会。

11月14日，协会校企合作专业委员会与北方工业大学联合主办了首届智能建造学科建设与工程实践发展论坛。中国工程院院士丁烈云作了题为《对智能建造工程人才培养的思考》的报告。论坛主题：智能建造、校企合作。

11月19日，住房和城乡建设部人事司司长江小群看望住房和城乡建设行业职业技能大赛代表队成员并一起座谈。

11月20日，中华人民共和国第一届职业技能大赛住房和城乡建设行业选拔赛表彰大会暨住房和城乡建设行业代表队动员会在北京召开。

11月21日，中国建设教育协会就业创业工作委员会成立大会在深圳召开。

11月24~25日，2020年全国行业职业技能竞赛“中国建设杯”第三届全国装配式建筑职业技能竞赛装配式建筑施工员总决赛在河北唐山成功举办。

11月25日，协会主办的“中国建设教育协会2020年全国建筑类院校钢筋平法应用技能大赛”总决赛在日照职业技术学院成功举办。

12月10日，协会受住房和城乡建设部委托，在中华人民共和国第一届职业技能大赛上，组织住房和城乡建设行业代表团参加了8个赛项的比赛，代表团选手全部获奖，取得1金3银1铜3优胜的好成绩。

12月16日，中央和国家机关行业协会商会第一联合党委副书记、纪委书记赵富海一行莅临协会指导工作。

2020年，协会在原有专家委员会的基础上，组建了专家工作委员会。专家工作委员会聘请住房和城乡建设部原副部长、中国建筑业协会会长齐骥为名誉主任，20位院士为顾问，刘杰理事长担任工作委员会主任。

12 月 24~26 日，第二届全国建设类技工院校院（校）长、书记论坛在湖南长沙举办。论坛主题：建设类技工教育自身发展。

12 月 27 日，由中国建设教育协会主办，协会文化工作委员会等单位组织的“中建七局杯”庆祝新中国成立 70 周年全国摄影作品大赛获奖作品发布会暨优秀作品展开幕式成功举办。

2021 年

1 月 7 日，协会培训中心新版培训考试管理平台启用。

1 月，协会办公地址迁至建材南新楼。

3 月，协会党支部召开党史学习教育动员大会。刘杰理事长作动员讲话。

4 月 25 日，协会第六届四次常务理事会议在福建厦门召开。

5 月，第二届全国智能建造学科建设与工程实践发展论坛在北京举办。中国工程院院士聂建国作了题为《装配式结构创新与实践》的报告。

5 月 18~19 日，全国高等院校第三届“绿色建筑设计”技能大赛举行。

5 月 21 日，住房和城乡建设部人事司在湖南长沙召开了第一届全国技能大赛住房和城乡建设行业代表团总结会。住房和城乡建设部人事司司长江小群、二级巡视员路明，协会理事长刘杰等出席总结会。会议上对中国建设教育协会等在第一届全国技能大赛中有特别贡献的单位进行感谢。

5 月 22 日，第十二届全国高等院校学生“斯维尔杯”BIM-CIM 创新大赛综合应用决赛通过线上方式举办。

5 月 29 日，第二届全国高校“品茗杯”BIM 应用毕业设计大赛在浙江杭州开幕。

6 月，协会参与的中国工程院重大咨询研究项目——《中国建造高质量发展战略研究》子课题《中国建造 · 从业人员能力提升工程》结题。

6 月 29 日，协会党支部召开庆祝中国共产党成立 100 周年党史学习教育交流会。

7 月 10 日，协会第六届会员代表大会第二次会议在浙江杭州召开。会议表决通过了修订后的《中国建设教育协会章程》。中国工程院院士肖绪文应邀作专题讲座。

7月11日，协会党支部组织秘书处全体党员、干部职工前往浙江嘉兴南湖，开展“追溯革命之源，传承红色革命精神”的主题党日活动。

10月22日，第三届建设行业文化论坛暨文化委年度工作会在四川建筑职业技术学院举办。

11月20日，协会主办的“中国建设教育协会2021年全国建筑类院校钢筋平法应用技能大赛”总决赛在湖北城市建设职业技术学院成功举办。

12月2日，协会组织编制的《建筑信息模型技术员国家职业技能标准》由人力资源和社会保障部正式颁布。

12月1~3日，由广东省建设教育协会承办的第十八届全国地方建设教育协会联席会议在广东广州举办。

12月3~18日，由住房和城乡建设部人事司指导，中国建设教育协会、中国就业培训技术指导中心联合举办的2021年全国行业职业技能竞赛——第四届全国装配式建筑职业技能竞赛4个赛项的总决赛分别在安徽合肥、广东广州、广西桂林、山东济南举办。

12月，由中国建设教育协会国际合作专业委员会主办，沈阳建筑大学与芬兰坦佩雷应用科学大学、德国达姆施塔特应用科学大学共同承办的第一届绿色建筑与能源国际会议采用线上会议模式召开。

12月底，协会党支部出台《中国建设教育协会党支部工作制度与职责》。

2022年

1月，协会成立工会。

4月25日，协会党支部启动党建工作质量攻坚三年行动。刘杰理事长进行了思想动员和专题部署。

4月27日，协会以线上形式召开第六届六次常务理事会议。

7月25日，《部属建筑类高校发展与变迁》图书首发式暨座谈会在北京召开。原城乡建设环境保护部部长叶如棠，住房和城乡建设部原副部长毛如柏，住房和城乡建设部原副部长、中国建筑业协会会长齐骥等领导出席会议。

7 月 25 日，《发展中的建设类高等职业院校》编写工作会议在北京召开，住房和城乡建设部原副部长、中国建筑业协会会长齐骥出席会议。

7 月 28 日，中国建设教育协会党支部召开换届选举党员大会，选举产生新一届支部委员 7 名。刘杰理事长任书记，崔征副理事长代秘书长任副书记。

8 月 18 日，吉林建筑大学承办的第十七届全国建筑类高校书记、校（院）长论坛暨第八届中国高等建筑教育高峰论坛在吉林长春举行。论坛主题：新时代建筑类高等教育改革与创新。

8 月 24 日，协会参加民政部全国性社会组织评估工作。

10 月 17 日，协会党支部组织开展“喜庆二十大，奋进新征程”——党的二十大报告学习心得交流会。

11 月，第四届建设行业文化论坛暨文化委年度工作会以线上形式举办。论坛主题：喜迎党的二十大，回眸文化三十载。

11 月 28 日，中国建设教育协会获评 4A 级全国性社会组织。

附录 7　中国建设教育协会视觉识别系统摘要

中国建设教育协会视觉识别系统是协会整体品牌形象外在表现的基础，是协会品牌战略的重要组成部分。其首要功能是标准化和系统化。在品牌形象组合要素（标志、色彩、标准字体、辅助图形等）的运用中，要根据视觉识别系统设计统一规范使用，进行品牌形象推广。

一、协会标志设计及释义

“CACE”造型以中国建设教育协会的英文首字母顺畅连接而成，以中国结的“同心、联通”为设计理念，以多个充满动感的圆弧构型出一组绵延路网和桥梁，寓意协会连接政府、行业、会员单位的纽带作用，也意味着在协会的平台上，会员之间可以互联互通、有机协作。

蓝色，是大海的颜色，代表智慧、眼界、胸怀，体现协会的脚踏实地与远见蓝图。绿色，是生命的颜色，代表希望、活力和未来，彰显协会及会员单位根植于建设、教育领域，蕴藏无限潜力和发展前景。蓝绿渐变，代表传承、积淀、多元，象征协会不断演变进步，和谐共生。

协会标志设计

标志与全称标准字横式组合规范

标志与全称标准字上下组合规范

标志英文组合规范

二、30 周年标志设计及释义

“CACE”30 年标志设计秉承了路网的畅通性，以“同心共度、春晖秋实”为核心理念，将数字“30”作为立意点，使用 3 组切割比率不同的同心圆构成。从零点走向半圆，再到大半圆，最后到整圆，寓意协会在社会各界的关

协会30周年标志设计

心和支持下，从播种到收获的过程；依次渐变，顺畅相连，寓意协会接续奋斗、日益壮大的发展历程；弧线交织，预示协会未来多元开放、高效顺畅的发展思路和运转机制。色彩延续主色系的静蓝与生命绿，两侧圆弧色系自然过渡，画面丰盈。

协会30周年标志横式组合规范

协会30周年标志竖式组合规范

协会30周年标志英文组合规范

结束语

1992~2022 年，协会在中国共产党的全面领导下，立足建设教育领域，面向行业发展对人才的需求，坚持“自律、自强、自力、互信、互济、互爱”的优良传统，解放思想、开拓创新、接续奋斗，以国家战略需求为导向，以促进行业发展为目标，以开展学术研究、协作交流、工作咨询、标准编制、教育培训和社会服务为抓手，与时俱进开展建设教育相关工作，为促进中国建设教育事业的发展作出了不可或缺的贡献。

同心共度，春晖秋实。在此，我们衷心感谢为协会建立和发展做出重要贡献的老领导：叶如棠、廉仲、郭锡权、秦兰仪、张玉祥、赵铁凡、李竹成、荣大成、朱光、黄秋宁、王凤君等同志，以及历届理事会全体成员；衷心感谢各分支机构、地方建设教育协会和所有大力支持建设教育事业发展的会员单位和建设教育工作者；衷心感谢曾经和正在为协会发展努力工作的员工们；衷心感谢所有关心、指导、支持、帮助协会的上级领导部门、地方政府及社会各界，是大家共同铸就了今天的中国建设教育协会，共同促进了中国建设教育事业的发展。

以史为鉴，未来可期。如今，站在 30 年的新起点上，协会要深入学习宣传贯彻党的二十大精神，坚持以习近平新时代中国特色社会主义思想为指导，坚持党的全面领导，坚持为党育人、为国育才，坚持服务国家、服务社会、服务行业、服务会员。不断贯彻落实国家科教兴国战略、人才强国战略、创新驱动发展战略，培养建设领域拔尖创新人才；进一步团结从事建设教育事业的团体和个人，充分发挥参谋助手和桥梁纽带作用；不断深化产教融合，助力行业发展，打造中国建设教育优质品牌，为中国式现代化建设提供高标准、高质量、高效率、可持续的服务，为全面建成社会主义现代化强国、全面推进中华民族伟大复兴作出应有贡献。

后 记

历时一年，协会正式完成了《中国建设教育协会三十年》一书的编写出版工作。由于机构、人事变动和时间跨度较大等原因，本书的疏漏、不周之处，恳请广大读者批评指正。

本书初稿由李成扬、邹积亭执笔，后续由谷珊、何曙光、王筱然分头修改，最后由谷珊统稿。在制定方案、收集素材、编写修改过程中，得到了秘书处各部门、分支机构、地方建设教育协会的积极支持和密切配合。协会老领导李竹成、荣大成同志分别对书稿提出宝贵意见。协会副理事长王要武教授在通览全稿的同时，萃取历年《中国建设教育发展报告》精华，丰富了本书内容，增加了可读性。秘书处信息文化部主任尤完同志为本书的文字提出了很好的建议。中国建筑工业出版社的李杰同志为本书编印提供了很多专业性的意见。

本书的文字大部分来自协会的工作总结和计划、领导讲话和报告、报刊文章和报道以及其他各种资料。照片由分支机构、秘书处各部门提供，由于时间跨度较长，很多拍照者已无从查考。

原城乡建设环境保护部部长、协会首任理事长叶如棠同志应邀为本书题写了书名。建设部原副部长、宁夏回族自治区原党委书记毛如柏为本书作了序言。

本书凝聚着所有关心、支持中国建设教育事业发展，并为此作出贡献的人们的心血，是一本重要的资料汇编。

在书稿编印过程中，得到了许多领导和同志的热情支持和帮助，我们在此一并致谢！